KB107622

동네에서
자연을 관찰하는
9가지 방법

동네에서 자연을 관찰하는 9가지 방법

최성용 지음

에이도스

| CONTENTS |

프롤로그

그러니까, 내가 처음 나무를 자세히 들여다본 것은 26년 전이다. 대학에서 '수목학'이라는 과목을 수강했는데, 그 수업은 고작 3학점을 주면서 학생들에게 많은 시간을 요구하는 과목으로 유명했다. 학생들은 100종 이상의 나무로 구성된 '나만의 수목 도감'을 만들어야만 그 과목을 이수할 수 있었다. 각각의 나무마다 수형, 수피, 잎, 꽃, 열매 중 세 가지 이상을 사진 찍어야 했고, 100종의 나무에는 천연기념물이 최소 20개가 포함되어야 했다.

　나를 포함한 학생들은 그 과제를 완수하기 위해 전국을 돌아다니며 나무를 관찰하고, 사진을 찍었다. 카메라가 없던 나는 큰외삼촌댁 장롱에 모셔져 있던 수동 카메라를 빌려 사진을 찍었다. 필름 카메라 시절이라 사진 한 장 한 장 찍을 때마다 공을 들여야 했다. 흔들리거나 초점이 맞지 않으면 필름 한 장을 버려야 했고, 잘못 찍힌 사진을 골라내고 인화할 수도 없으니 인화 값도 날아갔다. 무엇보다도 제대로 찍힌 사진이 부족하면 도감을 완성하기 위해 사진을 찍었던 장소를 다시 가야 했다.

그러니 사진 한 장 한 장 공들여 찍을 수밖에 없었다.

그러다 보니 나무를 자세히 들여다보게 됐다. 나무를 구분하는 동정(同定) 포인트로 수형, 수피, 잎, 꽃, 열매가 쓰인다는 사실도 처음 알았다. 과제 이외에 교수님과 함께 하는 답사도 많았다. 그중 충북 영동 답사가 가장 기억에 남는다. 원앙이 살고 있는 물한계곡을 지나 민주지산에 들어갔다. 어느 침엽수 숲에 도달했을 때, 잘 썩지 않는 얇고 뾰족한 침엽수 낙엽이 켜켜이 쌓여 만든 엄청나게 푹신한 바닥을 밟았을 때의 그 감각은 지금도 잊히지 않는다. 숲을 나와 등산로에 들어섰다. 등산로를 사이에 두고 양편의 나무가 서로 팔을 뻗고 있었다. 그걸 보고 교수님께서 하신 "두 나무가 서로 하늘을 차지하려 경쟁하는 형국"이라는 말씀은 내가 나무를 하나의 살아있는, 살아가는, 살아내는 생명체로 여기게 된 시작점이 됐다.

●

그러니까, 내가 처음 새를 보러 길을 떠났던 때는 20년 전이다. 홀로 여행을 다니는 중이었는데, 수덕사와 공주를 지나 광주 시내에서 시간을 보내고 저녁이 되어 광주역으로 갔다. 딱히 다음 목적지가 있었던 것은 아니고, 경상도를 가는 기차를 타보고 싶어서였다. 어느 소설에선가 수

필에선가, 경전선 열차를 타고 가다 보면 전라도 사투리가 경상도 사투리로 바뀐다는 글을 읽은 적이 있었다. 그때까지 인천과 서울에서만 살았던 나는 그 독특한 경험을 해보고 싶었다. 광주역에는 경전선 열차가 멈추는 곳의 여행지를 소개하는 팸플릿이 꽂혀 있었다. 그중에는 창원 관광 안내 팸플릿도 있었다. 이런저런 여행지 사이에 '철새들의 낙원, 주남저수지'가 있었다. 한 치도 망설이지 않고 목적지를 결정했다.

어릴 때부터 주남저수지를 가고픈 로망이 있었다. 새를 특별히 좋아하지는 않았지만, 매년 겨울이면 〈9시 뉴스〉에 빠짐없이 나오는 '올해도 주남저수지에는 겨울철새들의 군무가 장관을 이루고 있습니다'로 시작하는 화면이 너무도 인상적이었다. 매년 반복되는 뉴스를 보면서 '도대체 주남저수지는 어떤 곳이기에 매년 겨울이면 뉴스에 나올까?', '언젠가 꼭 한 번은 저곳에서 철새들의 군무를 봐야겠다'고 마음먹었다. 그런데 지금, 그냥 사투리 변하는 것 한번 들어보겠다고 기다리던 기차를 타면 주남저수지에 갈 수 있었다. 게다가 당시는 겨울이었다.

새벽 서너 시쯤 창원역에 내렸던 것 같다. 이른 새벽이라 아직 주남저수지로 가는 버스가 다니지 않았다. 다행히 버스정류장에는 커피자판기가 있었다. 그날 종이컵을 통해 전해진 온기가 지금도 생생하다. 따뜻한 커피로 두어 시간을 보내고 첫차에 올랐다. 그렇게 30~40분가량을 더 가서 주남저수지에 내렸다.

하지만 그곳에는 상상했던 철새들의 군무가 없었다. 군무는커녕 군집도 없었다. 그냥 몇 마리 새들이 수면 위에 띄엄띄엄 있었고, 몇 마리 새들이 머리 위로 띄엄띄엄 지나갔다. 적잖이 실망했지만, 실망한 것으로 결론을 내리기에는 두 시간 동안 새벽 찬기를 견뎌낸 시간이 억울했다. 나는 새가 지날 때마다 애써 탄성을 질렀다. 그리 멋지지도 않았고, 많지도 않았고, 듣는 이도 없었지만.

10년 후, 탐조 투어를 하러 천수만에 갔다. 버스를 타고 새들이 사는 곳을 지나는 프로그램이었는데, 이때도 철새들의 군무를 기대했다. 10년 전, 철새에 대해 아무것도 모르고 충동적으로 주남저수지를 갈 때와는 달랐다. 이때는 군무의 주인공이 가창오리였고, 가창오리떼는 주남저수지에만 머무는 것이 아니라 이곳저곳 옮겨 다닌다는 것을 알았으며, 군무는 해질녘에 가야 볼 수 있다는 것까지 알고 있었다. 하지만 미리 예약을 해야 하는 투어 버스 프로그램의 특성상, 그날 천수만에 가창오리떼가 오리라는 보장은 없었다.

역시나 가창오리는 없었다. 하지만 새는 굉장히 많았다. 투어 버스는 많은 새를 볼 수 있는 곳으로 우리를 데려갔다. 여러 새들이 있었지만, 특히나 인상 깊었던 건, 가장 많았던 기러기였다. 기러기는 떼로 날아다녔고, 많은 수가 자아내는 아름다움이 있었다. 다른 새들은 멀리서 볼 수밖에 없었지만, 기러기는 꽤 가까운 거리까지 왔다. 가창오리는 만나지 못했지만, 아주 만족스럽고 색다른 여행이었다.

그러니까, 내가 처음 곤충을 보는 재미를 알게 된 것은 6년 전이다. 그해 봄, 나는 숲해설가 자격 획득을 위한 수업을 듣고 있었다. 나무, 풀, 새, 양서파충류, 포유류, 수서생물, 버섯, 토양 등 다양한 이론 강좌와 현장 답사가 있었다. 그중에 곤충 강좌가 있었다. 하지만 나무나 새에 비해서 큰 관심이 없었다.

그해 여름, 가족과 함께 제주에서 2주간 캠핑을 했다. 네 살 아이와 함께 시간을 보낼 거리를 생각하다가 '곤충'을 떠올렸다. 어느 숲해설가 선생님의 말씀이 떠올라서였다.

'남자아이들은 아무리 열심히 풀이나 나무를 설명해도 옆에 메뚜기 한 마리 뛰어가면 아무 소용없어. 다들 그리로 가.'

딱히 남자아이만 그럴까 싶었지만, 마침 남자아이였다. 우리가 캠핑한 곳은 곤충이 살기 좋은 숲으로 둘러싸여 있었다. 숲에서 밤을 보내니 평상시에는 보기 힘든 밤 곤충을 볼 수 있는 좋은 기회였다. 밤 아홉 시, 나는 카메라를, 아내와 아이는 플래시를 하나씩 들고 캠핑장 안쪽 길을 탐방했다. 우리의 행진은 '곤충 대탐험'이라고 이름 붙였고, 큰 목적 없이 가면 심심하니 '수컷 사슴벌레'를 발견하는 것을 최종 미션으로 정하고 텐트를 떠났다. 멋진 곤충을 발견하면 아내와 아이가 플래시를 비췄고, 난 사진으로 우리가 본 곤충을 남겼다. 그날 이후 우리 가족은 매년 여름이면 교래자연휴양림 캠핑장에서 곤충 대탐험을 하고, 멋쟁이딱정벌레, 홍단딱정벌레, 폭탄먼지벌레, 넓적사슴벌레를 만나고 온다.

그렇게 내가 자연을 인식하고, 바라보고, 재미를 느끼기 시작한 곳은 모두 나의 삶의 공간에서 멀리 떨어진 곳이었다. 나의 첫 나무와 첫 새와 첫 곤충은 저 먼 곳에 존재했다. 그들을 만나기 위해 떠나야 했고, 때가 맞지 않으면 만나지 못했고, 특정한 시간과 공간에서만 만나고 돌아왔다. 하지만 우리 모두가 알고 있듯이, 나무도, 새도, 곤충도, 모두, 내가 살고 있는 동네에 함께 살고 있다.

그러니까, 사실 100종의 나무 사진을 찍으러 멀리 갈 필요는 없었다. 당시 내가 다니던 학교 캠퍼스에는 200여 종의 나무가 자라고 있었다. 그래도 왠지 학교 나무만 사진 찍으면 안 될 것 같은 생각에 나무를 찾아 먼 곳을 돌아다녔다. 천수만에서 감탄하며 봤던 기러기는 지금 우리 집 창밖을 날아다닌다. 천수만에 다녀온 이듬해, 지금 살고 있는 인천 외곽의 동네로 이사를 왔는데, 이사 오던 가을날, 기러기가 머리 위로 낮게 날아갔다. 이제 기러기를 보러 굳이 천수만까지 가지 않는다. 그리고 우리 동네가 아니더라도, 웬만한 동네에는 기러기가 머리 위로, 낮게는 아니더라도 높게는 날아간다는 것을 알고 있다. 제주에서 매년 만나는 딱정벌레 사총사 중 폭탄먼지벌레와 넓적사슴벌레는 우리 동네에서도 가끔 만난다. 우리 동네에 있는 습지공원을 산책하다 보면 제주 곶자왈 한복판에서보다 훨씬 많은 종류의 곤충을 만난다. 내가 매일같이 지나다니는 우리 동네 아파트 화단에, 가로수 아래에, 보도블록 틈새에서 자신들의 삶을 살아가고 있는 들풀에게 시선을 준다.

2017년 『시티 그리너리』라는 책을 쓰면서 도시 생태에 관한 이야기를 처음 꺼내놓았다. 그 책은 매달 주위에서 쉽게 볼 수 있는 자연을 관문 삼아 그들의 생명현상을 이해하는 생명과학책이다. 도시에서의 자연관찰이 너무도 즐거웠고, 관찰을 넘어 그들의 삶의 방식을 이해하는 것은 더 큰 기쁨이었다. 그렇게 내가 느낀 기쁨을 함께 나누고 싶어 책을 썼고, 고맙게도 많은 사랑을 받았다.

『시티 그리너리』를 출간한 이후에도 내가 꾸준히, 즐겁게 동네의 자연을 살피며 어슬렁거린다는 걸 알게 된 편집자가 '동네에서 자연을 관찰하는 방법을 마음대로 자유롭게 써 보면 어떻겠냐'고 제안했다. '마음대로'라는 말이 마음에 들었고, 그래서 신나게 관찰했고, 신나게 썼다. 그

동안의 관찰 생활을 돌이켜보는 것도 즐거운 일이었다.

그러니까, 지금 내놓으려는 이 책은 일상에서의 자연 관찰, 그 자체에 대한 이야기다. 2015년부터 2021년까지, 6년 동안 내가 살고 있는 동네에서 내가 관찰한 자연 이야기 말이다. 책 속에 등장하는 자연은 아마 여러분의 동네에도 있을 것이다. 어지간하면.

자, 그럼 2017년 여름, 우리 동네 미용실 앞으로 가 보자. 그곳에 희한한 날벌레 한 마리가 집을 짓고 있었다.

1

'나 홀로 집에' 있는 줄만 알았지?

미용실 문설주에 집 짓는 날벌레

자고로 도시 속 날벌레라 하면, 대충 묶어둔 음식물쓰레기봉투 혹은 갈변한 바나나에서 자연발생하는 것으로 여겨지는 초파리나, 전등 스위치 작동에 맞춰 흡혈과 은신을 반복하는 모기 따위가 그 대표주자 되시겠다. 들꽃을 들여다보는 취미라도 있는 사람이면, 민들레에 코 박고 있는 꿀벌이나, 애기똥풀이 피워둔 밥상 앞에서 정지 비행과 순간 이동을 번갈아 시연 중인 호리꽃등에 정도가 더해진다. 해질녘 하천변 조깅을 즐기는 부지런한 사람에게는 애타게 암컷을 기다리며 군무를 펼치는, 하지만 우리 눈에는 군무는커녕 그냥 뭉텅이로 날아다니는 것으로 보이는, 그마저도 무리에 얼굴을 들이박고 몇 마리 입에 넣은 다음에야 존재감이 드러나는 깔따구를 빼놓을 수 없다. 이렇게 우리가 만나는 날벌레는 먹이를 먹고 있거나, 먹이 근처를 서성이거나, 도망가거나, 짝짓기를 하고 있다. 그러니 그들의 움직임이라는 게 뻔하다.

뻔하지 않은 움직임은 눈에 띄기 마련이다.

때는 2017년 7월, 아이를 어린이집에 데려다주고 돌아오는 길이었다. 날벌레 한 마리가 미용실 출입문과 그 옆 작은 주차장 바닥을 오가고 있었다. 문과 땅바닥 사이의 왕복. 보통의 날벌레들이 택하는 경로가 아니다. 뭔가 특별한 일이 일어나고 있는 것이 분명했다. 자세히 보기 위해 미용실 문설주로 다가갔다.

문설주에는 탁구공만 한 진흙 덩어리가 붙어 있었다. 덩어리 위에는 날벌레라 부르기에 미안할 정도로 화려하고 멋진 외모의 곤충이 바쁘게 움직이고 있었다. 패션업계에서 통용되는 언어를 잠시 빌리자면, 선명한 블랙과 옐로우로 치장한 몸은 지금 당장 런웨이에 서도 될 만큼 세련됐다. 머리와 배는 올 블랙이었고, 블랙 바탕의 가슴에는 여섯 개 정도의 옐로우 도트로 포인트를 줬다. 다리는 블랙과 옐로우 라인이 교차했다. 단 두 가지 컬러로 만들어낸 '컨트래스트는 엘레강스하고 고지어스하고 판타스틱'했다.

뭐니뭐니해도 압권은 웨이스트, 아니 허리였다. 팽팽하게 당긴 실처럼 가늘고 긴 노란색 허리. 그 끝에 달려 있는 두툼하고 묵직한 배는 얇고 긴 허리가 물리적으로 감당하기 어려워 보였다. 그 비현실적인 부조화가 녀석의 패션을 완성했다. 난생처음 보는 날벌레였지만, 난 녀석의 종류를 바로 짐작할 수 있었다.

가는 허리를 가진 집 짓는 날벌레. 벌이다.

이름 모를 벌의 아름답고 신기한 모습에 푹 빠져 녀석의 건축 현장을 지켜보았다. 녀석이 주차장 바닥에 내려앉은 이유는 진흙을 구하기 위함이었다. 주차장 구석 그늘진 곳에는 며칠 전 내린 큰비로 작은 웅덩이가 생겼고, 웅덩이 주변으로 쓸려 내려온 흙은 고인 물과 섞여 자연스레 진흙이 됐다. 적은 양의 진흙이었지만, 녀석에게는 충분한 듯 보였다.

비가 만든 변화가 벌을 끌어들였다. 녀석은 자기 머리 두 배쯤 되는 크기로 진흙 경단을 만들어 미용실 문설주로 날아갔다. 입으로 물고 날아왔는지, 앞발로 꼭 쥐고 날아왔는지는 보지 못했지만, 진흙 경단의 크기나 무게로 봐서 입과 앞발을 다 사용했을 것 같았다. 왕복 비행이 한 번 끝날 때마다 집은 조금씩 커졌으나 작은 몸으로 진흙을 날라 집을 지으려면 꽤 오랜 시간이 필요해 보였다. 그러고 보니 집의 윗부분 흙은 젖어 있었고, 아래쪽은 말라 있었다. 두 부분의 경계가 명확한 것으로 보아 작업은 오늘 시작한 것이 아닌 듯 보였다. 고된 작업이다.

하지만 녀석의 작업은 아무 소득 없이 끝날 것이다. 그 어떤 곤충도, 독침을 갖고 있는 벌이라면 더욱 더, 미용실 출입문 문설주에 집을 지어서는 안 된다. 그 집은 발견 즉시 철거될 것이다. 이 정도는 도시에 사는 벌이라면 당연히 알고 있어야 한다. 안타깝지만 그게 현실이다.

집으로 돌아와 녀석의 정체를 찾아보았다. '벌'이라는 걸 알고 있으니 우선 '벌목(目)' 중에서 찾으면 된다. 가는 허리는 벌목 곤충의 대표적인 특징이다. 잎벌처럼 허리가 가늘지 않은 벌이 아예 없는 것은 아니지만, 대부분의 벌목 곤충은 개미허리를 갖고 있다. 개미도 벌목 곤충이다. 오늘 본 녀석은 가는 허리가 극단적인 형태로 나아간 듯 보였다.

내가 알고 있는 '진흙으로 집을 짓는 벌'은 호리병벌이다. 곤충의 집은 '새끼 키우기'와 관계가 있다. 호리병벌은 진흙을 물고 와 호리병 모양의 집을 짓고, 그 안에 마취한 나비나 나방(둘 다 나비목이다) 애벌레를 넣어놓는다. 마취된 애벌레는 죽지도, 썩지도 않는다. 애벌레 옆에 알을 낳고 호리병 입구를 막아버리면 알에서 깨어난 호리병벌 애벌레는 어미가 마련한 싱싱한 먹이를 먹고 자라나 성충이 되어 집 밖으로 나온다. 이런 식의 습성은 같은 과(科)에 속한 종(種)끼리 공유하는 경우가 많다.

뭐라도 알면, 탐색의 범위가 좁혀진다. 그러니 나의 첫 번째 검색 대상은 호리병벌과였다. 호리병벌과에 속하는 벌 중에 녀석이 있기를 기대하면서….

모니터에 나온 호리병벌의 모습을 보고 나는 환호를 질렀다. 호리병벌은 검은색과 노란색으로 치장했고(사실 대부분의 벌이 그러하다), 오늘 본 녀석과 비슷한 가늘고 긴 허리를 갖고 있었다. 나의 추론 능력에 절로 감탄사가 나왔다. 녀석의 정체를 찾는 것은 시간문제다. 네이버와 구글을 오가며, '호리병벌'과 'Eumeninae'를 오가며 열심히 검색했다. 하지만 아무리 찾아도 녀석의 곧은 실처럼 직선의 얇은 허리를 가진 호리병벌은 찾을 수 없었다. 호리병벌류의 허리는 길고 가늘긴 했으나, 실보다는 곤봉에 가까웠다.

처음부터 쉽게 찾을 수 있을 거라는 기대를 해서인지, 계속 등장하는 곤봉에 점점 지쳐갔다. 대충 비슷하니, 대충 호리병벌이라고 믿고 끝내고 싶은 마음도 들었다. 그때 모니터 오른쪽 아래에 있는 작은 사진이 나를 불렀다.

'나 좀 클릭해 보라구!'

정보를 검색할 때면 '구글'과 '네이버'를 많이 이용하는데, 구글은 적확한 정보를 찾는 데 용이하고, 네이버는 우리나라 사람들의 수요가 많은 정보를 찾는 데 유리하다. 네이버는 '혹시 너가 찾는 게 이거 아니니?'라는 식의 친절함을 베풀기도 하는데, 그 친절함은 때로 약이 되기도 하고, 독이 되기도 한다. 이번에는 '네이버의 친절함' 덕을 톡톡히 보았다. 호리병벌 옆에 '함께 많이 본' 벌들이 작은 사진과 함께 나왔고, 그중에 '나나니'가 있었다. 확대한 나나니는 내가 본 녀석의 두툼하고 묵직한 배보다 훨씬 홀쭉하고 길쭉한 배를 갖고 있었지만, 허리 또한 가늘고 길었다. 호리병벌류만 허리가 긴 것이 아니었다. '나나니'라는 옵션을 하나 더 얻었지만, 문제는 녀석이 구멍벌과라는 것이다. 나나니를 포함한 구멍벌류는 땅에 구멍을 파서 집을 짓는다. 하지만 뭐든 예외는 있는 법이니, 일단 나나니를 더 검색해보기로 했다.

검색창에 '나나니'를 쳤다. 사람들이 찍어 올린 온갖 종류의 나나니 사진이 올라왔다. 그중에는 내가 본 녀석과 똑같은 모양을 한 녀석도 있었다! 게다가 진흙으로 집을 짓는단다! 드디어 찾았다! 아, 그런데 사진 속 나나니는 내가 본 녀석과 색의 배치가 달랐다. 이런 경우 변이일 수도 있고, 다른 종일 수도 있다. 좀 찜찜했지만, 아무튼 녀석은 '○○나나니'다. 드디어 대충이라도 찾았다. 모양도 독특하더니만, 이름도 독특하다. 벌 이름이 나나니라니.

그렇게 두 시간에 걸쳐 녀석의 정체를 대충 파악한 후, 카메라를 들고 다시 건축 현장을 찾았다. 집은 더 커졌고, 빨대 같은 출입구까지 만들었다. ○○나나니는 보이지 않았다.

집을 다 완성한 건지, 점심 식사를 하러 간 건지, 아니면 오늘 작업은 일단 여기까지인 건지….

아무튼 출입구까지 만들어 놓은 녀석의 집을 기록에 남겨야겠다. 가까이 다가가 사진을 한 장 찍었다. 그때, 미용실 문이 열렸고, 사장님이 튀어나왔다.

"이게 뭐예요?"

자기 가게 문 앞을 계속 서성이며 사진 찍는 사람에게 할 말은 아니다. 보통은 '누구세요?'나 '도대체 남의 가게 앞에서 뭐하는 겁니까!'라고 따지는 것이 인지상정이다. 하지만 사장님은 진흙의 정체가 어지간히 궁금했나 보다. 사장님은 진흙 덩어리에 카메라 렌즈를 들이대고 있는 내가 궁금증을 풀어줄 적임자라 판단한 것 같았다. 행여나 내가 자리를 뜰까 마음이 급했는지, 양손에 가위와 빗을 든 상태였다.

"이틀 전부터 보였는데 점점 커지고 있어요."

"나나니라는 벌의 집이에요. 알 낳을 준비를 하는 거예요."

굳이 '무슨 나나니인지는 정확히 모르겠어요'라고 덧붙이지는 않았다.

"벌집이요? 아! 그럼 어떡하죠?"

"떼어내야지요."

"쏘나요?"

두 시간 만에 간신히 대충 이름을 알아낸 녀석이니 녀석이 사람을 쏘는지, 쏜다면 어떤 때 쏘는지, 집을 건드려야 쏘는지, 반경 1미터 이내로 접근해야 쏘는지, 기분이 나쁠 때 스트레스 해소용으로 쏘는지, 아니면 애초에 침이 없는지, 내가 알 리가 없다. 하지만 사장님을 실망시킬 수는 없지 않은가. 그렇다고 거짓말을 할 수도 없으니 두루뭉술하게 전문가인 척 대답했다.

"쏘든 안 쏘든 벌집을 문 앞에 두고 살 수는 없잖아요?"

애황나나니와 애검은나나니

"그래도 열심히 집을 지었을 텐데… 집을 떼어내면 벌이 죽잖아요."

'세상에! 이런 자연주의자 사장님을 봤나!'

난 집터 주인의 마음씨도 모르고 미용실 출입문 문설주에 떡하니 집을 지은 ○○나나니의 멍청함을 비웃었었다. 녀석은 사장님의 성품까지 파악했던 것인가! 정말 뛰어난 녀석이거나, 아니면 운이 좋은 놈이다. 어쩌면 녀석은 역사상 최초로 성업 중인 미용실 문설주에서 성공적으로 새끼를 키워낸 나나니로 기록될지도 모르겠다.

이 집 저 집에 벌집

이튿날 녀석의 집이 궁금해 미용실 앞을 찾았다. 미용실 문설주는 지난 삼일 동안 아무 일도 일어나지 않았었다는 듯이 깨끗했다. 물청소를 했는지, 진흙 같은 건 아예 흔적도 없었다. 하긴, 벌집을 문 앞에 둔 채 장사를 할 수는 없지. 자연주의자 사장님이 얼마나 고민을 하셨을까.

철거된 집 주인은 애황나나니다. 나나니나 보통의 구멍벌과(科) 벌과는 달리 진흙을 물어다 집을 짓는다. 직접 확인한 것은 애황나나니밖에 없지만, 애검은나나니, 노랑점나나니도 진흙을 붙여 집을 짓는다. 애황나나니, 애검은나나니, 노랑점나나니는 거의 똑같이 생겼다. 다른점이라면 애황나나니와 애검은나나니는 둘 다 검은색과 노란색이 교차하는 다리를 가졌지만 허리가 각각 '황'색과 '검은'색이라는 것, 노랑점나나니는 다리를 비롯한 몸의 대부분이 검은색인데 가슴과 배에 '노랑점'이 찍혀 있다는 것뿐이다. 셋 다 *Sceliphron*속(屬)으로 아주 가까운 사이다. 번데기로 겨울을 난 뒤 봄에 어른 벌이 되고, 여름에 집을 짓고 새끼를 낳는다. 진흙을 물어다 집을 짓고, 거미를 잡아 마취시켜 넣고, 알을 하나 낳고, 입구를 막는다. 그런 방을 여러 개 이어 붙인다. 내가 본 애황나나니는 방 하나 만든 상태에서 집이 철거됐다. 알에서 깨어난 애벌레는 어미가 잡아 놓은 마취된, 신선한 거미를 먹고 자라, 가을에 집 안에서 번데기가 된 채 겨울을 난다. 그리고 봄에 우화(羽化)하여 집 밖으로 나온다.

건물 벽에 길이는 손가락만 하고, 두께는 손가락의 두세 배 정도 되는 진흙이 붙어 있다면, 이 세 녀석들의 집일 가능성이 높다. 앞서 말한 호리병벌과(科) 벌도 진흙으로 집을 짓는다. 이들도 건물 외벽을 집터로 마다하지 않는다. 그러니 수상한 진흙이 벽에 붙어 있다면, 이는 벌이 집을 지은 것이다. 도시의 건물에는 세 종류의 나나니와 호리병벌류뿐만 아니라 다른 말벌들도 집을 짓는다. 하지만 말벌집은 발견 즉시 신고되고 철거된다. *Sceliphron*속 나나니의 집은 문설주에 짓지 않는 이상 눈에 잘 띄지도 않고, 사람들이 그것을 벌집으로 인식하지 못하기 때문에 살아남을 가능성이 크다. 그래서 도시에서 말벌집을 보기는 어려우나, *Sceliphron*속 나나니와 호리병벌류가 지은 집은 쉽게 찾아볼 수 있다. 지금도 동네 한바퀴 돌면 이들의 집 몇 개는 찾을 수 있다. 알아볼 수만 있다면. 아, 그리고 미용실 사장님! 웬만하면 안 쏜대요. 이제야 알았어요. 쏘리.

필로티의 제비 가족

인간의 집에 진흙을 발라 집을 짓는 녀석은 또 있다. 애황나나니는 어쩌다 보니 인간의 집에 집을 지은 것이겠지만, 제비는 일부러 인간을 찾아와 집을 짓는다. 처마가 사라진 요즘 도시에서 제비에게 인기 있는 집터는 빌라 필로티다. 사람들이 1층에 거주하는 것을 꺼리고, 주차공간도 필요하니, 요즘 지어지는 빌라의 대부분은 1층을 필로티 구조로 만들어 주차장을 넣었다. 덕분에 제비가 집을 지을 공간이 생겼다.

제비가 일부러 인간을 찾아오는 것은 인간과 가까이 사는 것이 더 안전했기 때문이다. 자연은 뱀이나 육식 조류 같은 천적이 득시글대는 위험한 곳이다. 인간의 집에는 제비의 천적이 가까이 오기를 꺼린다. 인간은 제비의 천적을 쫓아주기도 하고, 제비를 잘 해하지 않으니, 제비는 인간에게 신뢰를 갖고 인간을 찾아와 집을 짓는다.

2019년 5월, 우리 동네 한 빌라 필로티에 세 쌍의 제비가 동시에 집을 짓기 시작했다. 필로티 한복판에 두 채, 출입문 옆 구석진 자리에 한 채. 동네에 제비가 집을 짓는 장면을 본 것이 처음이라 반갑고 신기한 마음에 집 짓는 광경을 지켜보았다. 만약 제비가 아닌 다른 새였다면 둥지를 짓는 모습이 아무리 궁금했어도 못 본 척 지나가며 눈만 힐끗 흘겼을 것이다. 자신의 둥지를 인간에게 들켰다고 생각하는 순간, 둥지를 버리는 새들이 많기 때문이다. 하지만 인간을 신뢰하는 제비는 인간이 쳐다봐도 열심히 진흙과 지푸라기를 날라 집을 짓는다.

제비들은 부지런히 움직였지만, 생각보다 공사가 빠르게 진척되지는 않았다. 수직벽에 수평으로 붙여, 집 자체의 무게와 새끼들의 무게까지 견딜 집을 지어야 하니 돌탑 쌓듯 대충 지을 수는 없다. 물어 온 흙을 이리저리 굴려가며 열심히 침을 섞어 점성을 높인다. 중간중간 지푸라기를 섞는 것도 잊지 않는다. 벽과 맞닿은 지점이 중요한지, 기초공사를 하는 데만 3일이 걸렸다. 집 짓는 작업이 고됐는지, 오전에는 쉴 새 없이 공사현장을 오가던 녀석들이 점심시간 이후로는 보이지 않는다. 하긴 먹고 살아야 하니 또 쉴 새 없이 사냥을 나갔는지도 모르겠다.

나흘째 되던 날, 제비집은 입체적 모습을 띠기 시작했다. 한번 앞으로 나아가니 속도가 붙었다. 다음 날에는 거의 둥지 형태가 갖춰졌다. 이제 곧 완성될 기미가 보였다. 하지만 세 집이 모두 같은 공정을 보이지는 않았다. 필로티 중앙의 두 채는 준공을 향해 나아갔지만, 구석의 한 채는 이제 갓 평면을 벗어났다. 게을렀는지, 어디서 두 집 살림을 하는지.

그런데 그날 저녁, 벽에 진흙 자국만 남긴 채 제비 둥지가 사라졌다. 누군가 제비의 둥지를 무너뜨린 것이다. 5일 동안 애써 지은 집이 무너졌으니 제비는 망연자실했을 것 같다. 제비의 수고가 물거품이 된 것도 안타까웠지만, 내가 정말로 마음 아팠던 것은 상처 받았을 제비의 마음이었다. 벌침이 무서워 문설주에 지은 애황나나니의 집을 철거한 것은 충분히 이해가 됐지만, 집이 좀 지저분해진다고 해서 제비집을 철거하는 것은 이해하기 어렵다. 인간을 믿고, 인간의 집을 찾아와 집을 지었는데, 인간에 의해 자신의 집이 철거됐을 때 어떤 기분이 들었을까? 그 제비들은 어디로 갔을까? 다른 인간의 집을 찾아가 집을 지었을까? 아니면 이제 인간은 믿을 수 없다 생각하고 인간이 없는 곳을 찾아 갔을까? 부서진 집보다 부서진 믿음이 더 마음 아팠다. 제비마저 외면한다면 인간은 너무나도 외로울 것 같다. 인간에게 마음을 준 동물 정도는 함께 살아갈 수 있어야 하지 않을까?

다행히 세 집 중 한 집은 살아남았다. 준공을 앞둔 두 채는 철거됐지만, 구석진 자리에 진흙만 발라놓은 게으른 녀석의 집은 긴 막대기를 든 사람의 눈에도 철거 대상으로 보이지 않았나 보다. 조생(鳥生) 참 모른다. 화를 피한 제비는 갑자기 속도를 냈고, 집을 완성했고, 알을 낳았다. 아무리 제비를 싫어하는 사람이라도, 알까지 낳은 둥지를 철거하기는 쉽지 않다. 새끼 키우는 마음이 다 그렇다.

두 집은 철거됐으나 구석진 자리의 제비는
새끼를 키워냈다.

도시에 사는 동물들이 많다 보니, 제비처럼 일부러 인간을 찾아와 인간 옆에 집을 짓지는 않더라도 인간의 구조물 위에 집을 짓는 경우는 흔하다. 도시의 터줏대감 까치와 참새는 전봇대 위와 기왓장 사이에 집을 짓는다. 이들은 인간의 구조물을 이용하기는 하지만, 인간의 손이 닿는 곳에 집을 짓지는 않는다. 20세기 들어 우리 도시에 정착한 집비둘기는 사람들의 온갖 구박을 견뎌내며 에어컨 실외기 뒤편, 사람 코앞까지 진출했다. 천연기념물 황조롱이는 사람들이 자신을 극진히 대접한다는 사실을 깨닫고 고층 아파트 베란다 화분을 하나둘씩 둥지로 바꿔놓고 있다.

까치, 참새, 집비둘기, 황조롱이는 사람들이 금방 알아보는 친숙한 새다. 잘 모르는 새는 황조롱이 정도인데, 황조롱이가 '어떻게 생겼는지'는 몰라도 황조롱이가 '고층 아파트 베란다에 집을 짓는다는 사실'은 아는 사람이 많아, 맹금류가 베란다에 집을 지으면 대번에 황조롱이를 떠올린다.

그런데 이들 말고도 작고 예쁜 새가 단독주택의 후미진 자리, 신발장이나 창고 구석에 놓아둔 상자, 자동차 안에 집을 지었다는 소식을 알려오는 사람들이 종종 있다.

큰 집 주인들은 작은 집 주인의 정체가 궁금하다. 사람들이 본 것은 대부분 참새보다 약간 큰, 깜찍한 새이고, 지푸라기와 나뭇가지, 깃털, 이끼 등을 재료로 만든 밥그릇 모양의 작고 예쁜 둥지이고, 푸른빛이 도는 서너 개의 앙증맞은 알이다. 십중팔구 딱새다.

십중팔구 이야기가 나와서 말인데, 동네 뒷산에 올라가 손에 땅콩을 올려놓았더니 새가 날아와 먹었다면 십중팔구 곤줄박이다. 동네 공원이나 아파트 단지에서 키 작은 관목에 참새보다도 작은 새 십여 마리가 재잘대어 얼굴 한번 보려 했더니 하도 빨빨거리고 다녀 확인이 불가능했다면 십중팔구 붉은머리오목눈이다. 길을 가는데 파란색 날개와 꼬리가 있는 까치같이 생긴 새 한 마리가 쓱 지나갔는데, 1~2초 뒤 또 한 마리

환기구에 둥지 지은 딱새

날아오고, 또 한 마리 날아오고, 또 한 마리 날아오고, 또 한 마리 날아왔다면 십중팔구 물까치다. 여름에 동네 하천에 오리들이 떠 있다면 십중팔구 흰뺨검둥오리다. 얕은 물에 커다란 회색 새가 발 담그고 가만히 서 있다면 십중팔구 왜가리다.

아무튼 딱새는 사람의 생활공간에 집 짓는 데 거리낌이 없다. 흔한 일인데, 그럼에도 딱새 둥지는 신문에 자주 등장한다.

"전기차 엔진룸에 둥지 튼 딱새 가족 화제", "경찰청 지하주차장에 둥지를 튼 딱새 가족", "우편 수취함에 둥지 튼 딱새 알", "자동차 앞바퀴에 둥지 튼 딱새 가족", "공사장 환기구에 둥지를 튼 딱새", "청소차 발판에 둥지 튼 딱새. 대담한 육아", "LPG 탱크 위에 둥지를 튼 딱새의 부화 및 성장 과정", "화물차에 둥지 튼 딱새. 어찌하나?"

모두 딱새 둥지에 관한 기사다. 비둘기가 둥지를 짓는 일은 뉴스가 되지 않는데, 왜 딱새 둥지는 신문에 많이 나올까?

딱새는 새에 조금이라도 관심 있는 사람이라면 누구나 알고 있는 새이지만, 참새나 비둘기처럼 모두가 아는 새는 아니다. 흔하지만 잘 알지 못하고, 예쁘면서 사람과 가까운 곳에 종종 집을 지으니, 딱새는 자주 뉴스거리가 된다. 작고 예쁜 새가, 작고 예쁜 둥지를 만들고, 작고 예쁜 알을 낳아 놓으니, 사람들은 딱새 둥지를 애지중지한다. 공교롭게도 딱새는 자동차에 집 짓는 걸 좋아하는데, 이들의 둥지와 알을 발견한 사람들은 딱새의 육아가 끝날 때까지 그 비싼 전기차와 청소차, 화물차의 운행을 멈추기도 한다. 만약 사람들이 딱새가 흔한 새라는 것을 알았다면, 기계를 그냥 멈추지 않았을지도 모른다. 아, 이렇게 인간의 선의(善意)를 폄하해서는 안 되지.

딱새는 암수의 모양이 다르다. 암컷은 수수하게 생겼는데, 수컷은 검고 희고 붉은색으로 몸을 치장했다. 꼬리를 아래위로 까딱거리며 사람이 다니는 길에 자주 등장해 딱새라는 이름이 붙었다고 한다.

만약 당신의 집 인근에 산이나 들판이 있다면, 언젠가 한번은 딱새 둥지를 볼 수 있을 것이다. 집 짓는 장소에서 유추해 볼 수 있듯이, 딱새는 사람을 크게 무서워하지 않는다. 하지만 이들도 새끼를 키울 때는 예민하다. 새끼가 궁금해도 눈치껏 봐야 한다. 둥지를 노골적으로 들여다보지 않는 것은 둥지 관찰의 최소한의 예의다. 하긴, 가끔 제 몸의 서너 배는 족히 되는 뻐꾸기를 제 새끼인 양 키우는 걸 보면 별로 예민해 보이진 않지만.

2

먹이를 찾아
박주가리를
어슬렁거리는
중국청람색잎벌레를
본 일이 있는가

도시민에게 가장 자주 발견되는 딱정벌레

막내 조카가 일곱 살이었던 해의 여름, 처가가 있는 공주에서 가족모임이 있었다. 늦은 아침 식사 후 아파트 단지를 한 바퀴 돌고 온 처제네 식구가 떠들썩하다. 조카의 손에는 손가락 한 마디 길이의 곤충이 들려 있다. 영롱한 파란색 광택이 나는 커다란 딱정벌레다. 조카는 평소 곤충을 보면 소리 지르며 도망쳤지만, 일곱 살 생애 처음으로 마음에 드는 곤충을 발견했나 보다.

"집으로 가져갈래."

조카는 파란 딱정벌레를 서울집까지 가져가고 싶어 했다.

"안 돼!"

벌레를 가져간다는 아이를 향한 부모의 반사적 반응이다. 이제 아이의 반사적 반응, 칭얼거림이 시작될 것이다. 하지만 파란 딱정벌레는 부모가 보기에도 괜찮았나 보다. 아이와 처제 사이에 의례적인 실랑이가 오간 후, 처제는 파란 딱정벌레를 넣을 통을 찾기 시작했다. 그리고 자연스럽게 나에게 물었다. 난 숲해설가니까.

"형부. 이게 뭐죠?"

난 숲해설가다. 정확히는 장롱면허를 갖고 있는 숲해설가다. 사람들은 숲해설가라면 모든 나무와 풀과 새와 곤충의 이름을 알고 있을 거라고 생각하는 경향이 있다. '이게 뭐죠?'라는 질문을 받는 건 일상과 같다. 숲해설가는 질문자의 기대에 부응해야 한다. 하지만 지구에는 밝혀진 것만 100만 종, 알지 못하는 것까지 하면 500만 종에 달하는 곤충이 살고 있는 것으로 추산되며, 그중 밝혀진 '딱정벌레'만으로 좁혀도 40만 종에 이른다. 국내에 사는 것으로 기록된 딱정벌레는 3,300종이 넘는다. 그런데, 길 가다가 그중 한 마리를 잡아와서는 이게 뭐냐고? 참으로 실례되는 질문이다. 이럴 때 노련한 숲해설가는 "딱정벌레야(목(目)의 이름이다)" 또는 "잎벌레야(과(科)의 이름이다)"라고 말하며 위기를 모면한다. 하지만 지금은 노련할 필요가 없다. 나는 조카가 그해 여름 손에 쥔 파란 딱정벌레를 알고 있다. 그 딱정벌레는 국내에 서식하는 3,300종의 딱정벌레 중 가장 많은 사람들이 나에게 정체를 물어온 녀석이다. 난 마치 옆집 강아지 이름을 말하듯 무심하게 답했다. 하던 일을 멈추지 않았고, 질문자와 눈을 맞추지 않는 것도 잊지 않았다.

"중국청람색잎벌레야."

그 광경을 바라보던 처제, 조카, 동서, 장모님, 형님, 처형, 그리고 창밖에서 축구 하던 아이들의 눈동자에서 존경이 아른거렸다.

특별히 곤충을 좋아하는 사람이 아니라면 '잎벌레'라는 말이 생소하겠지만, 잎벌레는 도시에서 볼 수 있는 가장 흔한 종류의 딱정벌레다. 그리고 중국청람색잎벌레는 도시민들에게 가장 잘 '발견'되는 딱정벌레다. 크고, 예쁘고, 녹색 잎 위에서 눈에 잘 띄는 파란색을 하고 있다 보니 녀석들이 가장 활발히 활동하는 초여름이면 사람들에게 자주 발견된다. 도시에서 이렇게 멋지고 큰 딱정벌레를 만날 거라고 예상하지 못했던 사람들은 이들의 존재에 놀라고, 자신의 발견에 감탄하고, 정체를 묻는다.

딱정벌레목 잎벌레과의 중국청람색잎벌레.

다들 식성이라는 게 있지 않은가

딱딱한 외골격은 모든 곤충의 기본적 속성이다. 외골격은 몸의 형태를 만들고, 몸을 지탱하고, 근육을 부착하는 뼈다. 뼈가 몸속이 아닌 몸 바깥, 인간으로 치면 피부에 해당하는 곳에 있어서 외골격이다. 모든 곤충이 딱딱한 외골격을 갖고 있지만, '딱딱한 외골격' 하면 떠오르는 곤충은 딱정벌레다. 이름도 '딱'정벌레 아닌가! 한눈에 보기에도 애황나나니의 외골격과 중국청람색잎벌레의 외골격의 강도에는 큰 차이가 있어 보인다. 딱정벌레의 딱딱한 외골격은 두 쌍의 날개 중 앞날개가 딱딱하게 진화됨으로써 완성됐다. 날개를 접고 앉아 있을 때는 딱지날개가 뒷날개를 덮어 마치 날개가 없는 것처럼 보인다. 하늘을 날 때는 딱지날개를 열고 뒷날개를 열심히 파닥인다. 벌이나 잠자리같이 비행에 최적화된 곤충에 비해 나는 게 서툴 수밖에 없다. 아예 날개가 퇴화한 딱정벌레도 있다. 비행 실력을 딱딱한 갑옷과 맞바꾼 것이다. 그 전략은 나름대로 성공적이었는데, 이는 딱정벌레가 지구에서 가장 크고 다양한 동물집단으로 존재하고 있다는 사실로 증명된다. 하지만 그들의 전략도 일곱 살짜리 인간처럼 순전히 재미삼아 큰 벌레를 잡는 포유류에게는 잘 통하지 않는다.

딱정벌레는 절지동물문(門) 곤충강(綱) 딱정벌레목(目)에 속하는 곤충을 총칭한다. 생물은 계, 문, 강, 목, 과, 속, 종이라는 체계로 분류하는데, 곤충의 경우 벌, 파리, 딱정벌레, 메뚜기, 잠자리, 노린재 등 우리가 대충 퉁쳐서 부르는 곤충 이름의 상당수가 '목'에 해당한다. 이들을 좀 더 세분화해서 '과'로 나누고, '속'으로 나눈 후 최종적으로 '종명'을 부여한다. 진화의 과정에서 가장 최근에 분화한 종들이 같은 '속'에 속한다고 보면 된다. 그러니 같은 속에 속하는 종들은 매우 유사하고, 같은 과에 속하는 종들은 유사하고, 같은 목에 속하는 종들은 조금 유사하고, 같은 강에 속하는 종들은 얼추 유사하다. 딱정벌레목에는 딱정벌레과, 물방개과, 풍뎅이과, 사슴벌레과, 꽃무지과, 무당벌레과, 거저리과, 하늘소과, 거위벌레과, 잎벌레과 등이 있다. 조금 유사하다.

잎벌레는 잎벌레과에 속하는 곤충의 총칭인데, 말 그대로 잎을 먹고 산다. 물론 튀거나 창의적인 부류는 어디에나 있으니 잎을 먹지 않는 잎벌레도 있다. 그래도 대부분 잎을 먹고 산다. 도처에 잎이 있으니, 도처에 잎벌레가 있지만, 우리는 잎벌레를 잘 모른다. 대부분의 사람들은 평생 '잎벌레'라는 단어를 단 한 번도 내뱉어 보지 못한 채 생을 마감한다.

잎벌레는 하나의 '과'로서는 규모가 큰 편에 속하는데, 왜 이렇게 낯설까? 순전히 개인적인 생각이지만, 잎벌레가 좀 흐리멍덩하기 때문 아닐까 싶다. 명확하지 않다고 할까? 눈길을 사로잡는 잎벌레만의 독특함이 좀 부족하다. 생김새가 다양해 어떤 종류는 무당벌레를 닮았고, 풍뎅이를 닮았고, 방아벌레를 닮았고, 거저리를 닮았다. 애매하다. 그러니 잎벌레를 봤더라도 딱정벌레나 무당벌레, 풍뎅이라고 생각하고 넘어간다. (딱정벌레는 목의 이름이지만 과의 이름이기도 하다. 그래서 학술적으로 이야기할 때 딱정벌레라 하면 딱정벌레목을 가리키는 경우가 많지만, 숲에서 발견한 곤충을 딱정벌레라 말할 때는 딱정벌레과 중 '딱정벌레'라는 이름이 붙은 곤충을 칭하는 경우가 많다. 홍단딱정벌레나 멋쟁이딱정벌레처럼 말이다.)

하지만 도시에서 가장 흔한 딱정벌레는 잎벌레다. 그러니 만약 풀잎 위에 앉아 있는 딱지날개를 가진 곤충을 봤는데, 무당벌레를 닮긴 했으나 무당벌레라 하기에는 애매하고, 풍뎅이를 닮았으나 풍뎅이라 하기 애

모두 딱정벌레목이다. 보통 딱정벌레라고 하면 첫 번째 사진처럼 생긴 녀석을 말한다. 순서대로 멋쟁이딱정벌레, 길앞잡이, 넓적사슴벌레, 장수풍뎅이, 등얼룩풍뎅이, 제주붉은줄버섯벌레, 남색초원하늘소, 길쭉바구미

매하고, 방아벌레도, 거저리도 아닌 것 같을 때, 곤충도감에서 잎벌레 부분을 살펴본다. 그러면 확률이 꽤 높다.

조카의 중국청람색잎벌레는 작은 음료수병에 담겼다. 조카는 행여 예쁜 벌레가 쫄쫄 굶을까 봐 걱정했고, 처제는 풀잎 몇 개를 넣어주려 했다. 알고 그랬는지는 모르겠지만, 잎벌레이니 잎을 넣어주려 한 것은 괜찮은 접근이다. 하지만 다들 식성이라는 게 있지 않은가! 조카와 처제에게 잘 보이고 싶던 나는, 높아진 '숲해설가로서의 위상'을 어깨에 얹고 박주가리를 찾아 나섰다.

식물 도사 100명, 곤충 도사 1명

박주가리는 풀밭에 많이 사는 덩굴식물이다. 다른 풀을 감고 올라가거나, 나무 울타리로 많이 이용하는 회양목 사이를 비집고 자라거나, 철제 울타리나 전봇대를 감고 올라가기도 한다. 투박한 이름과 달리 하트모양의 선명한 잎맥이 박힌 잎도 예쁘고, 별 모양의 하얗고 보랏빛 도는 꽃도 예쁘고, 박을 닮은 열매와 잘 익은 열매가 터졌을 때 깃털 달린 커다란 씨앗이 날리는 모습도 예뻐 많은 사람들의 사랑을 받는 풀이다. 그리고 중국청람색잎벌레의 사랑도 듬뿍 받는다. 아주 환장을 한다.

중국청람색잎벌레는 쑥이나 고구마 잎도 먹지만, 박주가리 잎을 아주 좋아한다. 이것저것 닥치는 대로 먹는 곤충도 있지만, 많은 곤충은 특정한 식물만을 먹는다. 이런 식물을 기주식물이라 한다. 곤충으로부터 잎을 지켜야 했던 식물은 다양한 화학물질을 만들어 잎을 보호하려 했다. 식물들의 전략은 효과적이었지만, 먹고 살아야 하는 곤충들도 나름의 방식으로 식물의 방어막을 뚫었다. 모든 방어막을 뚫기는 어려우니, 특정한 식물의 방어막을 공략했고, 이는 편식으로 이어져 기주식물을 만들었다.

박주가리는 잎을 지키기 위해 다른 식물들보다 더 많은 공을 들인 것처럼 보인다. 잎을 자르면 하트 모양의 선명한 잎맥에서 뻗어 나온 세맥(細脈)에서 하얀 유액이 나온다. 풀을 잘랐을 때 뭔가가 나온다면 보통 자신의 몸을 지키기 위한 방어물질이다. 애기똥풀의 줄기를 잘랐을 때 나오는 애기똥(노란색 액체)도 방어물질이다. 박주가리의 하얀 유액은 영어권 사람들에게 더 인상적이었는지 밀크위드(Milkweed)라는 이름이 붙었다. 박주가리 잎을 먹으려면 이 유액을 피하거나, 해독제가 있거나, 몸에 잘 저장해서 자신의 무기로 쓸 줄 알아야 한다. 중국청람색잎벌레는 유액이 잎 구석구석으로 전달되는 중심 송유관을 파괴함으로서 유액을 피한다. 방법을 찾은 중국청람색잎벌레는 박주가리를 기주식물로 만들었다. 내가 조카의 곤충통에 넣어 주려 박주가리를 찾아 나선 이유다.

나는 중국청람색잎벌레의 먹이를 구하러 박주가리를 찾아 나섰지만, 반대로 중국청람색잎벌레를 관찰하고 싶다면 박주가리가 있는 곳으로 가야 한다. 내가 여태껏 본 중국청람색잎벌레는 모두 박주가리 잎에 있었다.

딱정벌레의 딱딱한 외골격은 자신의 몸을 천적으로부터 보호해줌과 동시에 벌레를 싫어하는 사람들의 거부감도 막아줬다. 집에서 곤충을 키우는 사람들의 대부분은 사슴벌레나 장수풍뎅이를 키운다. 둘 다 딱정벌레다. 이들을 키우려면 문방구나 대형마트, 인터넷으로 구매하면 된다.

물론 도시에서도 야생 사슴벌레나 장수풍뎅이를 만날 수 있다. 하지만 아파트 정원이나 공원 같은 일상의 공간에서 만날 확률은 낮다. 그렇다면 아이가 예쁜 곤충을 보고 싶어할 때 가장 적합한 딱정벌레는 무엇일까? 생김새나 크기, 만날 확률 등을 따져봤을 때 도시에서 가장 볼 만한 딱정벌레는 중국청람색잎벌레다. 박주가리를 찾아가길.

중국청람색잎벌레에 비해 많이 떨어지지만, 그래도 가끔 만날 수 있는 멋진 잎벌레로 청줄보라잎벌레가 있다. 이 녀석은 청록색, 금색, 자주색이 뒤섞여 반짝이는 화려한 외모를 자랑한다. 누군가는 금록색이라 하고, 적동색이라고도 하고, 남색이라고도 하는데, 이렇게 청줄보라잎벌레의 색을 표현하는 말들이 중구난방인 이유는 한두 가지 색으로 단정지

박주가리와 중국청람색잎벌레

미나리과와 홍줄노린재

꿀풀과와 청줄보라잎벌레

을 수 없는 오묘한 빛이(색보다는 빛이 더 어울리는 녀석이다) 나기 때문이다. 녀석은 곤충계의 외모 절대강자 비단벌레를 꼭 닮았다.

3~4센티미터 길이에 금록이기도 하고, 적동이기도 하고, 남색이기

개미와 밥풀

도 한, 아무튼 예쁜 빛깔의 비단벌레의 딱지날개는 예부터 장식품으로 쓰였다. 신라 고분인 황남대총과 금관총에서 비단벌레의 딱지날개로 장식한 유물이 발견되기도 했다. 비단벌레는 고구려에서도, 중국에서도, 일본에서도 장식품으로 사용됐다. 지금은 천연기념물 제496호이자, 멸종위기 야생생물 2급으로 지정되어 있다. 청줄보라잎벌레의 빛깔은 이런 비단벌레를 꼭 닮았다. 집 근처에서 비단벌레를 보기는 어렵지만, 눈을 크게 뜨고 다니면 청줄보라잎벌레는 볼 수 있다. 이들은 층층이꽃, 들깨와 같은 꿀풀과 식물을 먹는다. 그러니 꿀풀과 식물을 찾아가는 것이 우선이다.

이쯤 되면 누군가는 볼멘소리를 할 것 같다. 곤충을 찾으려고 식물까지 알아야 하다니, 너무 어려운 것 아니냐. 하지만 곤충의 이름을 알려주는 앱보다 식물의 이름을 알려주는 앱이 훨씬 많다. 우리 주변에는 곤충에 대해 아는 사람보다 식물을 아는 사람이 훨씬 많다. 중국청람색잎벌레를 아는 사람이 1명이라면, 박주가리를 아는 사람은 100명은 될 것이다. 그러니 식물이 곤충을 관찰하는 길잡이가 될 수 있다.

3

고양이 앞발 좀 부탁해

송충이는 송충이가 아니다

고교 시절, 학교 정문과 교사(校舍)를 잇는 길 양편에 아름드리 플라타너스가 늘어서 있었다. 두 줄의 플라타너스는 최대한 팔을 뻗어 하늘에서 겹쳤고, 한낮의 태양이 길바닥에 닿게 내버려두지 않았다. 플라타너스가 알뜰히 태양 빛을 먹은 덕분에, 나무 아래에는 그늘이 생겼다. 갑자기 소나기라도 후두둑 떨어지면, 운동장에서 놀던 아이들은 나무 사잇길로 뛰어들었다. 그곳에 있으면 비를 맞지 않았다. 하지만 맑은 날, 송충이 비를 맞았다.

그때는 정말로 송충이가 많았다. 플라타너스에도, 은사시나무에도, 버드나무에도 송충이가 달라붙어 있었다. 송충이는 대부분의 시간을 나뭇잎에 매달려 보내지만, 정신없이 잎을 갉아먹는 와중에 동료에게 떠밀렸거나, 발을 헛디뎠거나, 지피물(地被物) 아래에서 번데기가 되려고 마음먹었을 때는 땅으로 내려오는 바람에 사람들을 기겁하게 만든다.

그런데 녀석들은 대대로 전해오는 '송충이는 솔잎을 먹고 살아야 한다'는 선현들의 가르침에 정면으로 도전하고 있었다. 그 말인즉, 내가 송충이라 믿고 있던 녀석들이, 나뿐만 아니라 내 친구들, 선생님들, 경비아저씨, 야구부원, 최지만, 류현진, 송은범, 정민태도 모두 송충이라 믿고 있던 녀석들이 사실은 송충이가 아니었단 말이다. 녀석들은 미국흰불나방 애벌레였다.

나무병해충도감에 따르면 미국흰불나방 애벌레는 감나무, 단풍나무, 버즘나무, 벚나무류 등 활엽수 200여 종을 먹는다고 하니, 사실상 활엽수라면 닥치는 대로 먹어치운다고 봐도 크게 틀리지 않을 듯하다. 캐나다가 원산이고 1958년 서울 용산의 외인주택에서 처음 발견된 것으로 알려진 미국흰불나방 애벌레는 점점 그 수가 늘어나더니 1970년대 들어 송충이의 이름까지 차지했다. 생각해보면 내가 본 모든 송충이는 각종 활엽수를 먹고 살았다. 소나무는커녕 소나무와 비슷한 전나무나 잣나무를 먹는 송충이도 보지 못했다.

흉측한 애벌레, 귀여운 애벌레

송충이는 이름에서도 알 수 있듯이 '송(松)'에 사는 '충(蟲)'이다. 솔나방의 애벌레로 주로 소나무 잎을 먹지만 잣나무, 곰솔 같은 소나무속 나뭇잎도 즐겨 먹는다. 속담에도 등장할 정도로 오래된 해충으로 고려 숙종 때는 송충이를 잡기 위해 불경을 외우고 군사를 동원하기도 했으며, 조선 정조 때는 사도세자 능 주위에 심어둔 소나무에 송충이가 극심하자 융릉 주변 마을 사람들에게 송충이 한 사발당 엽전 7푼을 주어 수천 섬의 송충이를 잡기도 했고, 그래도 송충이가 줄지 않자 분노한 정조가 송충이를 입에 넣어 깨물고 꾸짖었더니 송충이가 뾰로롱 사라졌다는 전설이 내려오기도 한다.

나뭇잎을 먹는 애벌레가 어찌 송충이뿐일까 싶지만, 대대로 우리 조상들의 소나무 사랑은 유별나서 돈과 권력이 넉넉한 사람의 생활공간에는 어김없이 소나무를 심었고, 나무가 등장하는 수묵화라도 그릴라치면 늘 소나무를 그렸고, 시조에도 소나무, 궁궐이나 좋은 집을 지을 때도 소나무, 관을 짤 때도 소나무, 금줄에도 솔가지, 불을 밝힐 때도 솔잎이나 송진, 심지어 흉년의 주린 배에는 삶은 소나무 속껍질을 먹었으니, 신라 때부터 정책적으로 소나무를 함부로 베지 못하게 막았던 게 선뜻 수긍이 간다. 그러니 그 귀한 소나무를 병들게 하는 애벌레가 얼마나 눈엣가시 같았을까? 미움은 솔나방이라는 성충의 이름을 넘어 송충이라는 아명(兒名)까지 지어주는 걸로 이어졌다.

애벌레계에서 독보적 존재감을 뿜어대던 송충이도 천 년이 넘는 인간의 방제에 질렸는지 점점 그 수가 줄어들더니, 1970년대 들어서는 이

송충이라 부르지만, 이 사진에 송충이는 없다. 같은 나방 애벌레라도 털이 없으면 송충이라 부르지 않는다. 위에서부터 미국흰불나방, 밤나무산누에나방, 매미나방, 맵시곱추밤나방 애벌레

름마저 캐나다에서 건너온 신참 나방 애벌레에게 넘겨주었다.

1970~90년대를 지나면서 송충이라 불린 녀석들의 대부분은 미국흰불나방 애벌레였지만, 그렇다고 우리가 '송충이'라는 이름을 솔나방에서 미국흰불나방에게 공식적으로 넘겨준 것은 아니다. 그냥 삐쭉삐쭉한 털이 박힌 나방 애벌레(나방 애벌레인 줄도 모르는 사람이 훨씬 많겠지만)를 통칭해 송충이라 부르게 됐다. 3,700종이 넘는 국내 서식 나방 중 상당수는 애벌레 시절의 모습이 송충이와 비슷하니, 웬만하면 다 송충이라 부른 것이다. 물론 자세히 보면 색과 모양이 다르긴 하지만, 우리는 녀석들을 자세히 보지 않을 예정이다.

사람들이 모든 나방 애벌레를 징그러워하지는 않는다. 오메가 모양(Ω)으로 기어가는 모양새로 사람들의 예쁨을 받는 자벌레는 자나방류의 애벌레인데, 송충이와 더불어 아명을 가진 몇 안 되는 나방이다. 텃밭에 고구마를 심어본 사람이라면 한번쯤 보았을 박각시나방 애벌레도, 한 아름 수확해 온 고구마 줄기의 껍질을 거실에 앉아 신나게 벗기는 와중에 난데없이 나타나 순간 식겁하게 하지만, 놀란 심장을 가라앉히고 찬찬히 들여다보면, 나비 애벌레처럼 매끌매끌하고 통통한 몸이 귀엽게 느껴진다.

나비는 온몸에 뿔이 달린 네발나비 애벌레처럼 좀 무시무시해 보이는 녀석들도 있지만, 나방 애벌레에 비해 대체로 볼 만하다. 특히나 호랑나비의 애벌레는 초록색의 통통한 몸, 눈은 아니지만 눈처럼 보이는 무

자벌레

늬, 머리는 아니지만 머리처럼 보이는 등짝에 붙어 있는 것이 꼭 머리 큰 아이 같아 귀엽다. 물론 커다란 가짜 눈알은 새를 놀래려 장착했겠지만, 그 독특한 모습에 반한 만화가에 의해 자주 그려진다. 만화에 등장하는 나비 애벌레와 번데기의 대부분은 호랑나비다. 호랑나비, 산호랑나비, 제비나비, 산제비나비, 긴꼬리제비나비 등 호랑나비류의 애벌레를 좋아하는 사람들은 자신의 정원이나 텃밭에 이들을 유인하기 위해 산초나무나 유자나무, 백선 등을 심기도 한다.

따지고 보면 나방이나 나비나 비슷한 놈들인데, 한쪽에서는 나뭇잎

먹는 걸 막겠다고 군사를 동원하고, 한쪽에서는 나뭇잎 먹으라고 일부러 나무를 심기도 하니 '나'씨 집안 입장에서는 황당할 노릇이겠다. 하긴 잎 하나에 알 하나씩 낳는 호랑나비와 한 번에 500여 개의 알을 낳는 솔나방에 대한 대접은 다를 수밖에 없겠지. 응? 하나씩 낳는 호랑나비알도 합쳐 보면 300개라고?

세상에 무수히 많은 애벌레가 살고 있지만, 우리에게 익숙한 애벌레는 나비와 나방 같은 나비목 곤충의 애벌레다. 딱정벌레목도 애벌레 시기를 거치지만 그 모습이 우리가 생각하는 애벌레에서 조금 비껴나 있다. 잠자리목 애벌레는 애 같지가 않고, 강도래목 애벌레를 알아봤다면 당신은 이미 전문가이고, 파리목의 애벌레는 애벌레라는 말보다 구더기가 어울리며, 벌목의 애벌레는 주로 벌집 안이나 다른 곤충의 몸속에 들어가 있으니 쉽게 볼 수 없다. 하지만 개중에는 집도 없고, 기생 따윈 관심 없는 벌도 있다.

아파트 화단의 살구나무에서 본 것

내가 잎벌 애벌레 무리를 본 곳은 우리집 아파트 현관 옆 화단이었다. 건물을 따라 좁고 긴 형태로 조성된 열 평 남짓의 작은 화단은 1층 세대의 차폐와 입주민의 정서 함양을 위해 만들어졌다. 그중 절반인 다섯 평 화단이 내가 매일 지나가는 경사로와 나란히 붙어 있다. 개인적으로 집 안팎을 오갈 때마다 그 화단을 자세히 보는 걸 좋아하는데, 어쩌다 화단 안쪽 1층집 창문 너머 어렴풋이 사람의 윤곽이 비칠 때면, 나는 시선의 종착지가 창문 안쪽이 아니라 화단의 꽃과 나무임을 증명하기 위해 과장된 몸짓으로 고개를 쭉 빼서 나뭇잎에 코를 들이박기도 한다.

그곳에는 두 그루의 주목과 두 그루의 매화나무, 두 그루의 살구나무가 뿌리를 내리고 주인처럼 살고 있었고, 나무 아래 흙밭에는 흰젖제비꽃, 종지나물, 봄까치꽃, 꽃다지, 꽃마리, 현호색, 별꽃, 황새냉이, 쑥, 개망초가 객식구처럼 드나들었다. 다섯 평의 화단은 객식구의 왕래에는 충분한 넓이였지만, 정작 주인인 여섯 그루의 나무가 살기에는 좁았다. 양쪽 끝에 있는 주목과 살구나무만이 제 생김대로 살아갔고, 그 사이를 비집고 서 있는 네 그루의 나무는 겨우겨우 꽃과 잎과 열매를 내며 살아냈다.

2018년 7월, 비실비실한 살구나무의 잎에 정체를 알 수 없는 애벌레 수백 마리가 나타났다. 귤색 베레모를 쓴 것 같은 단정한 머리, 초록의 장기가 비치는 반투명한 몸통, 잎 테두리를 꽉 잡고 있는 다리, 그 모두가 젤리 같았다. 만지거나 먹어보지 않았지만, 그냥 보는 것만으로도 쫀득쫀득하고, 찐득찐득하고, 시었다. 애벌레 밀도가 너무 높아 잎 하나에 여덟 마리까지도 붙어 있었지만, 아무리 서로에게 밀리고 치어도 넓은 잎 안쪽에 자리한 녀석은 없었다. 모두 테두리를 따라 잎을 빙 둘러 있었다. 꼬리잡기를 하듯, 한 마리 뒤에 한 마리, 그 뒤에 또 한 마리, 앞 벌레의 엉덩이에 머리를 들이밀고 열심히 잎을 갉아 먹었다. 녀석들은 조금씩 앞으로 나아갔고, 행진에 맞춰 잎은 작아졌다. 그 모습이 나름 규칙적인 도형 같았고, 아름다웠다.

순간, 녀석들의 움직임이 멈췄다. 웬 덩치 큰 포유류 한 마리가 그냥 지나가지 않고 자기들을 쳐다보고 있으니 이상하기도 했겠다. 잎을 먹

그날 아파트 화단 살구나무에서 본 것은 살구나무테두리잎벌이었다.

는 데 정신이 팔려 나의 존재를 알아채지 못할 수도 있었겠지만, 그러기에는 내가 너무 오랫동안 해를 가리고 있었다. 한 녀석이 눈치를 보더니 가슴에 붙어 있는 세 쌍의 진짜 다리만 남겨놓고 나머지 배다리에 힘을 풀었다. 그러고는 허리를 뒤로 꺾어 꼬리를 치켜세웠다. 그것이 신호가 되어 모든 녀석들이 동시에 꼬리를 들었다. 그 모습이 체조선수 같았다. 녀석들은 나를 위협하려 한 행동이었지만, 난 녀석들의 퍼포먼스에 박수를 보냈다. 이런 멋진 장면을 집 앞 화단에서 볼 수 있는 이 시간이 너무 감사했다. 감격에 겨워 두 손을 맞잡고 눈물을 글썽이고 있었다. 저 멀리 관리사무소 아저씨가 나를 힐끔 쳐다보며 지나갔다.

다음날, 살구나무는 통째로 베어졌다.

두 달 뒤, 《한국응용곤충학회지》에는 최진경, 이종욱이 공동 집필한 "First Record of Pristiphora apricoti Zinovjev(Hymenoptera: Symphyta: Tenthredinidae: Nematinae), pest of Prunus armeniaca var. ansu from South Korea / 살구나무 해충Pristiphora apricoti Zinovjev(벌목: 잎벌아목: 잎벌과: 수염잎벌아과)에 대한 보고"라는 논문이 게재됐다. 논문 초록에는 이렇게 씌어 있다.

> 한국산 수염잎벌아과의 미기록종인 살구나무테두리잎벌(신청)을 확인하고 처음으로 보고한다. 본 종은 2016년 처음 국내에서 발견되어 살구나무를 가해하는 해충으로 보고되었고, 본 연구를 통해 최초로 종을 규명하고자 한다.

아파트 현관 옆 다섯 평 화단에서 봤던 애벌레는 당시까지 이름도 붙지 않았고 학계에 기록되지도 않았던 살구나무테두리잎벌이었던 것이다! 사실 그때까지 나는 잎벌의 애벌레를 직접 본 적이 없었다. 젤리 같은 모습이 나비나 나방 애벌레와는 다른 분위기를 풍기고 있었지만, 크게 다르지는 않았다. 잎 테두리를 꼭 쥐고 있는 세 쌍의 다리, 진짜 다리를 돕고 있는 배다리까지 장착한 모습은 영락없는 나비목 애벌레의 모습이다. 게다가 보통의 벌 애벌레는 다리가 없다. 그러니 벌일 것이라고는 생각도 못 했다. 하지만 벌이라고 다 같은 벌은 아니었다.

자연은 광활하고 곤충은 많다

벌목은 크게 잎벌아목과 벌아목으로 구성된다. 미용실 문설주에 집을 지은 애황나나니를 비롯해 꿀벌, 말벌, 호리병벌, 각종 기생벌들이 모두 벌아목에 들어간다. 잎벌은 벌목에 속하기는 하지만 다른 벌들과는 다른 형질을 갖고 있다. 대표적인 것이 허리인데, 벌은 가는 허리를 갖고 있고, 잎벌은 통자 허리로 꼭 파리같이 생겼다. 그래서인지 영어 이름에 '비(bee)'나 '와스프(wasp)'가 아닌 '플라이(fly)'가 들어간다. 잎벌의 영명(英名)은 '소플라이(sawfly)'다. 어른들이 마련해 준 집에서 편안하게 사는 벌아목 애벌레는 다리가 없는 반면, 험한 야생에서 식물의 잎을 먹고 살아야 하는 잎벌의 애벌레는 나비목 애벌레처럼 다리가 있다.

내게 처음 이 애벌레가 잎벌이라고 말해준 사람은 아마도 그 녀석들은 '검정날개잎벌류'일 것이라 알려줬다. 검정날개잎벌을 찾아봤더니 외모는 매우 비슷하게 생겼지만 먹이가 달랐다. 검정날개잎벌은 소리쟁이를 먹었고, 내가 본 녀석들은 살구나무를 먹었다. 피부도 조금 달랐다. 검정날개잎벌의 표피가 더 여려 보였다.

곤충이나 나무, 풀, 새 등의 이름을 알고 싶을 때 사용하는 것이 '도감'이다. 곤충의 이름을 알고 싶으면 당연하게도 곤충도감을 찾으면 된다. 잎벌임을 알았으니 곤충도감의 잎벌 부분을 찾으면 된다. 하지만 곤충은 그 종류가 너무너무 많아서 도감에 나오지 않는 곤충도 많다. 그래서 곤충도감보다는 잎벌레도감, 나비도감, 나방도감, 메뚜기도감, 잠자리도감 정도로 들어가야 만족할 만한 결과가 나올 때가 많다. 안타깝게도 벌도감이나 잎벌도감은 보지 못했다.

하지만 '나무'를 먹는 곤충을 찾는다면, 곤충도감과는 또 다른 방향으로 곤충을 찾을 수 있는 안내서가 우리에게 있다. 바로 나무병해충도감이다. 나무병해충도감에는 무수히 많은 곤충이 등장하지만, 그 주인공은 곤충이 아니라 나무다. 이 도감에 나오는 곤충은 나무를 해치는 해충이다. 이 도감에서 살구나무를 찾으면 살구나무에게 해를 끼치는 곤충이 나온다. 그곳에 내가 본 녀석과 똑같이 생긴 애벌레가 있었다. '검정날개잎벌류'라 적혀 있었고, 살구나무와 매화나무의 해충이고, 주로 7월에 나타난다고 적혀 있었다. 모든 정황이 맞았다. 그러고 보니 나에게 알려준 사람도 애초에 '검정날개잎벌'이 아니라 '검정날개잎벌류'라고 말했다. '검정날개잎벌류'라 함은 '검정날개잎벌과 비슷해서 그 일종으로 보이지만 어떤 종인지 확실하지 않다' 정도의 표현이겠다.

우리 아파트 화단에서 발견한 검정날개잎벌류는 내가 발견하고 두 달이 지나 살구나무테두리잎벌이라는 이름을 얻었다. 더 이상 검정날개잎벌류라 불리지 않을 것이다. 그리고 사실, 두 벌은 서로 다른 '속'이었다.

살구나무테두리잎벌을 발견하고 그 이름을 알아가는 과정에서 세 번 크게 놀랐다. 하나는 우리집 앞에서 미기록 곤충을 관찰했다는 것. 정말 상상도 못 한 일이다. 하지만 바꿔 생각하면 그만큼 곤충의 종류가 많고, 국경을 넘나들면서 새롭게 정착하는 곤충도 많으며, 그에 비해 곤충 연구자들은 적고, 우리가 아직 곤충에 대해 모르는 것이 아주 많다는 것을 반영한다고 볼 수도 있겠다.

두 번째 놀라운 일은 관리사무소의 빠르고 결단력 있는 대처였다. 우리 아파트 관리사무소가 이렇게나 역동적인 곳이었나! 관리사무소에서 살구나무를 자른 시점은 살구나무테두리잎벌이 옆 나무로 조금씩 번지던 때였다. 점령당한 살구나무 양편으로는 살구나무 한 그루와 매화나무 두 그루가 있었다. 두 나무는 모두 벚나무속에 속하고, 같은 벚나무속

나무 중에서도 매우 가까운 나무다. 두 나무 모두 살구나무테두리잎벌의 먹이 식물이다. 만약 빠른 조치가 없었다면, 네 그루의 나무 모두 잎을 잃었을 것이다. 나뭇잎 좀 먹었다고 나무 자체를 잘라버린 것은 왠지 해체된 해경(海警)을 떠올리게 했지만, 애초에 좁은 공간에 너무 많은 나무를 심어 놓아 생육에 문제가 있는 상태였다. 차라리 잘되었다.

관리사무소의 전광석화 같은 결단보다 더 놀라웠던 일은, 내가 바글바글한 살구나무테두리잎벌을 보고서도 이들을 방제의 대상으로 눈곱만큼도 생각하지 못했다는 사실이다. 살구나무가 좀 불쌍하기는 했지만, 벌레 먹는 것은 나무의 숙명과도 같은 일이다. 비실비실한 살구나무는 잎을 몽땅 내주었으나 그래도 내년을 기약해볼 수 있다. 난 그저, 처음 보는 잎벌 애벌레가 신기했고, 그들이 날 위협하기 위해 단체로 꼬리를 드는 모습을 보고 군무를 떠올리며 감탄하고만 있었다. 녀석들이 살구나무를 박살내건 말건 관심이 없었다. 그저 낯선 녀석들의 등장이 신기하고 반가웠을 뿐이었다. 나무가 잘려나간 것을 보고서야 이들이 나무를 해치는 해충임을 깨달았다.

물론 내가 아무리 곤충의 편을 들더라도, 털이 북실하게 달린 송충이 떼가 우리집 창문 앞 화단에 가득했다면 기겁을 했을 것이다. 하지만 간사하게도, 우리집은 4층이었고, 녀석들은 흉측한 털이 없었다.

잎벌은 잎벌레와 함께 대표적인 해충이다. 잎을 먹으니까. 앞서 대부분의 사람들이 잎벌레를 모른다고 적었지만, 농작물을 키우는 사람들은 잎벌레를 알고 있다. 잎벌레를 해치워야 농사를 잘 지을 수 있다. 노린재와 진딧물, 매미류도 대표적인 해충이다. 이들은 식물의 수액을 빨아먹는다. 잎벌과 잎벌레, 노린재와 진딧물은 모기와 빈대, 진드기(진드기는 곤충이 아니지만)처럼 사람에게 직접 해를 끼치지 않아도 해충이다. 우리는 우리가 끔찍이도 아끼는 식물을 해하는 곤충도 해충이라 부른다.

사람은 열매나 잎, 씨앗을 먹으려, 잎을 태워서 연기를 빨아들이려, 땔감으로 쓰려, 씨앗에서 짠 기름을 자동차에 넣으려, 집을 지으려, 가구를 만들려, 종이를 만들려, 옷을 만들려, 그늘 아래에서 쉬려, 홍수를 막으려, 소음을 줄이려, 시야를 가리려, 출입을 막으려, 푹신하게 밟으려, 산소를 들이마시려, 탄소를 붙잡아두려 식물을 심고 가꾼다.

사람이 식물로부터 취해야 하는 것을 다른 동물이 가져가거나 식물을 해치는 것은 참을 수 없다. 그래서 식물을 먹는 곤충은 해충이 된다. 해충을 먹는 곤충은 익충이 된다. 곧 육식곤충은 익충이다. 풀의 수액을 빨아먹는 진딧물을 먹어치우는 무당벌레는 익충이다. 게다가 외모도 앙증맞으니 같은 익충인 거미에 비해(거미도 곤충이 아니지만) 사랑받는 익충이다. 단, 무시무시하게 생긴 애벌레 시절의 정체를 들키면 사람들의

풀의 수액 빨아먹는 진딧물은 해충, 진딧물 먹는 무당벌레는 익충

태도가 어떻게 변할지 모른다. 아닌 척하길.

식물을 둘러싼 경쟁은 인간과 곤충 사이에만 있는 일은 아니다. 새 중에도 이런 녀석들이 있는데, 특히나 사람들에게 가장 친숙한 참새가 하필이면 쌀을 먹는 바람에 무수한 죽임을 당했다. 하지만 참새는 해충도 먹는다. 마오쩌둥 시절의 중국에서 '사해추방운동'이라는 이름으로 벼이삭을 먹는 참새를 쥐, 모기, 파리와 함께 네 가지 해로운 생물로 지정, 무차별적으로 잡아들였지만, 참새가 줄면서 해충이 들끓어 흉작으로 이어지자 참새의 남획을 중지했다는 일화는 유명하다.

메뚜기 잡을 때는 익조,
사마귀 잡을 때는 해조?

참새는 실제로 얼마나 많은 벌레를 먹을까? 2020년 7월, 《한국환경복원기술학회지》에는 '도심 내 인공구조물에서 번식하는 참새의 둥지 위치 특성과 먹이 급이 행동 분석'이라는 흥미로운 논문이 게재됐다. 정슬기, 이후승은 세종시에 설치된 신호등과 도로표지판에서 번식하는 참새의 둥지 위치, 먹이 급이 행동, 먹이량 등을 조사해 세종시 안에 설치된 신호등과 도로표지판에서 번식하는 참새가 번식기 동안 새끼에게 제공

신호등에 둥지를 튼 참새

하는 먹이의 총량을 추정했다. 연구에 따르면 세종시 전체에서 참새의 번식 장소로 이용 가능한 신호등과 교통표지판은 총 446개이고, 이들이 조사한 구역에서의 참새 둥지 개소율과 먹이공급량 등으로 추정해볼 때 시간당 18,743마리의 벌레를 새끼에게 먹이는 것으로 조사됐다. 시간당이고, 신호등과 교통표지판에 둥지를 튼 참새만 계산했는데 말이다.

우리는 이런 훌륭한 참새는 잡지 않는 것으로 합의를 봤다. 한때 포장마차의 주요 메뉴였던 참새구이도 사라졌다. 사람 사는 곳에 살지만, 사람이 가까이 가면 도망치던 참새들도 요즘에는 대도시 도심을 중심으로 사람 가까이에서 먹이를 먹는 모습이 자주 눈에 띈다. 이제 좀 안심이 되나 보다.

오리냐 수달이냐

요즘에는 민물가마우지가 문제다. 민물가마우지는 TV 여행프로그램에 종종 등장하던 새다. 물고기를 잡는 데 선수여서, 세계 곳곳에서 민물가마우지의 목에 밧줄을 묶어 사냥개처럼 낚시새로 이용했다. 지금은 중국과 일본 일부 지방에만 남아 있는 풍습이어서 관광 상품처럼 되었다. 이렇게 독특하고 이국적인 민물가마우지가 어느 날부터인가 우리 동네에도 날아왔다.

부표 위에 앉은 민물가마우지

우리 동네에는 한강과 서해 앞바다를 연결해 물류 강국이 되겠다는 야심찬 계획 아래 만들어진, 하지만 배 대신 자전거가 다니는 아라뱃길이 지나간다. 나도 왠지 배를 몰고 아라뱃길에 가면 안 될 것 같아서 배는 창고에 넣어두고 자전거를 타고 아라뱃길을 자주 다닌다. 아라뱃길은 배의 길이 되지는 못했지만, 새들에게는 좋은 공간이 됐다. 흰뺨검둥오리는 언제나 그곳에 있고, 인천 앞바다의 갈매기가 종종 우리 동네까지 올라오며, 여름에는 물가에 백로류가, 겨울에는 물 위에 오리류가 논다.

2017년 5월. 그날도 운동 삼아 자전거를 타고 아라뱃길을 지났다. 검고 커다란 새 한 마리가 수면 위에 바싹 붙어 빠르게 날았다. 갑자기 등장한 낯선 새가 궁금했지만, 한번 가속도가 붙은 나의 다리는 멈출 줄 몰랐다. 돌아오는 길에 보니 아까 봤던 낯선 새가 부표 위에 앉아 있었다.

영화 속 인디언 전사를 연상시키는 짧게 휘날리는 헤어스타일, 날카로운 갈고리를 가진 긴 부리, 갈색 갑옷을 입은 것 같은 몸통. 민물가마우지였다. TV에서나 보던 이국적인 새를 우리 동네에서 보다니! 그날 이후 아라뱃길을 가면 가끔씩 민물가마우지를 봤다. 요즘에는 갈매기를 못 보는 날은 있어도 민물가마우지는 언제든 볼 수 있을 정도로 친근한 새가 됐다. 겨울 오리들이 올 때를 제외하면 민물가마우지는 아라뱃길에서 흰뺨검둥오리 다음으로 많이 보는 새다.

사실 2017년 5월 이전에도 아라뱃길에는 민물가마우지가 찾아왔었다. 수가 많지 않았고, 내가 못 알아봤을 뿐이었다. 하지만 이제는 웬민한 사람들이 민물가마우지의 존재를 알고 있다. 수가 급격히 늘었기 때문이다. 민물가마우지는 원래 적은 수의 개체가 봄과 가을에 우리나라를 지나가거나 겨울에 머물다 가는 것으로 알려져 있다. 하지만 2005년 이후 국내 월동 개체가 급증하고, 일부는 텃새화했다. 환경부자료에 따르면 1999년 269마리였던 국내 월동 민물가마우지가 2015년 9,280마리, 2020년 18,328마리로 급증했다. 문제는 물고기잡이의 선수인 민물가마우지가 떼로 몰려다니면서 무차별적으로 사냥을 하는 바람에, 녀석들이 정착한 호수에서 어업을 하는 어민들의 어획량이 급감했다는 것이다. 피해를 입은 어부들을 중심으로 민물가마우지를 유해조수로 지정해 사냥할 수 있게 해달라는 요구가 높아지고 있다. 도대체 얼마나 많이 먹기에.

몇 마리 없었을 때는 귀한 대접을 받았었는데, 안타깝다. 왜 굳이 담수어업지역에 가서 어민들과 분쟁을 일으키나! 우리 동네로 와라. 아라뱃길은 낚시 금지니까.

포항에 나타난 수달은 사람들을 더 난감하게 한다. 2020년 12월, 경북 포항시 북구 장량동 시가지에 있는 연못 신제지에는 11마리의 오리가 살고 있었는데, 어느 날 연못에 나타난 수달이 한 달 만에 오리 10마리를 죽였다. 오리냐, 수달이냐. 만약 내가 그 동네에 살았다면 어느 쪽에 더 마음이 갔을까? 아무래도 몇 달 동안 함께 살아온 오리가 아닐까?

하지만 보기 드문 수달, 우리나라에 살고 있는 몇 안 되는 포유류, 게다가 천연기념물, 그 귀한 존재가 동네에 나타났으니, 이 또한 기쁘지 아니한가. 그런데 녀석아! 왜 하필이면 오리를 잡았냐! 물고기를 잡아먹었으면 모두가 너의 등장을 반겼을 텐데.

오리를 죽인 수달이 포항의 생물다양성을 해치고 있다는 주장이 제기됐다. 수달은 포항의, 신제지의 생물다양성을 파괴하는 범인인가? 수달이 포항에서 살아가려면 몇 마리의 오리가 필요할까? 우리 도시는 수달을 받아들일 준비가 됐나? 모두가 난감해하는 찰나, 수달의 코에 상처가 발견됐다. 발빠른 사람들이 외쳤다. "수달이 다쳤어요. 빨리 구조해서 치료해야겠어요. 아, 치료 후에는 원래 살던 곳에 놓아야죠. 산속에."

그로부터 몇 달 후, 서울의 샛강생태공원에 수달이 나타났다. 다행히도 샛강의 수달은 새를 잡아먹지 않았다. 사람들은 고민 없이 수달을 반겼다. 수달이 나타난 연못은 '수달못'이라는 새 이름까지 얻었다.

다른 생명과의 공존을 원하는 사람들은 고양이에게 '원하는 대로 사료를 줄 테니 제발 새를 죽이지 말아 달라'고 애원한다. 길고양이를 돌봐주는 사람도, 새를 아끼는 사람도, 모두 다른 생명과의 공존을 중요하게 생각하는 사람들이다. 그들은 별 문제 없이 고양이에게도 잘해주고, 새에게도 잘해주지만, 길고양이에 의해 수많은 새가 죽임을 당한다는 사실을 알면 어찌할 바를 모른다.

인천 굴포천과 서울 한강에 떼지어 다니는 민물가마우지. 낚시 금지 구역에 자리 잘 잡은 녀석들

고양이가 새를 죽여 봤자 얼마나 죽일까? 우리나라에서 나온 통계는 없지만, 2017년 호주 찰스 다윈 대학의 존 워이나르스키 교수팀에 따르면 호주의 경우 매일 100만 마리, 1년에 3억7천700만 마리의 새가 고양이에 의해 살해당한다고 한다.

고민 끝에 몇몇 지역에서는 길고양이에게 화려한 색의 목도리를 씌워 사냥에 나선 고양이의 잠복기술을 쓸모없는 것으로 만들었다. 모든 길고양이에게 목도리를 씌워야 할까? 그러면 해결될까? 고양이를 없애야 할까? 고양이를 없애면 새가 늘어날까? 쥐가 늘어날까? 어려운 문제다. 고양이가 새는 안 잡고 쥐만 잡았다면 쥐의 멸종을 걱정하지는 않았을 텐데. 수달이 오리는 그냥 두고 물고기만 먹었다면 사람들은 수달을 무척 반겼을 텐데. 민물가마우지는 낚시금지구역으로 오라니깐 왜 말을 안 들어서 구박을 받누.

일단은 방충망부터 치고…

살구나무테두리잎벌도, 살구나무도 기억에서 사라져 가던 어느 가을 아침, 서재 베란다 책상에 앉아 글을 쓰다가 꿀벌과 말벌에 대한 기사를 읽었다. 사람들이 꿀벌은 좋아하지만, 말벌은 증오한다는 이야기. 작년에 119구급대 이송환자 중 개에 물려 온 사람이 2,400명, 말벌에 쏘여 온 사람이 7,700명, 벌에 쏘여 죽은 사람이 12명이라는 이야기도. 하지만 말벌은 메뚜기, 딱정벌레 등의 사체도 치워주고, 파리와 나방 애벌레 등을 잡아먹어 해충의 폭발적 증가를 막아주는 고마운 곤충이라는, 그리고 말벌도 꽃가루받이를 해준다는 이야기도. 도시에 사람 이외의 동물이 사는 것을 허용하지 않는 사람 중심 태도에서 벗어나야 공존이 가능하다는 결론까지.

고개가 절로 끄덕여지는 훌륭한 기사였다. 기사를 읽다 보니 갑자기 가을의 자연을 느끼고 싶어졌다. 창문과 방충망을 모두 활짝 열었다. 창밖에는 참새들이 바삐 움직이고, 비둘기는 곡예를 부리고, 계양산에서 내려왔는지 노랑턱멧새의 노랫소리도 들렸다. 자연과 함께, 오랜만에 평화로웠다.

그때 창밖으로 말벌 한 마리가 등장했다. 눈앞에서 왔다 갔다 했다. 집안으로 들어올락 말락. 조금 있으니 또 한 마리가 합세했다. 식겁해서, 혹시나 자극할까 조심조심 창문을 닫았다. 깜짝이야. 일단은 창문 닫고, 보호망 치고, 자연을 즐기는 걸로.

4

가로수 그늘 아래 쪼그려 앉으면

잔디 수목보호대의 비밀

우리 동네에는 189그루의 이팝나무 가로수가 있다. 가로수 아래에는 사람의 발길로부터 나무를 보호하기 위해 수목보호대를 둘렀다. 요즘에는 세련된 수목보호대도 많이 나오지만, 우리 동네 수목보호대는 구멍이 숭숭 뚫린 클래식한 철제 수목보호대다.

수목보호대는 답압(踏壓) 피해로부터 나무를 지키라는 임무를 부여받았지만, 방어력이 썩 좋지는 않다. 사람들이 피해 다니도록 무시무시하게 생긴 것도 아니고, 밟힌 수목보호대가 흙을 보호하지 못하고 아예 흙속에 박혀버리기도 한다. 어떤 수목보호대는 나무를 파고드는 수목공격대가 되기도 한다.

수목보호대를 사용하지 않고도 가로수를 잘 보호할 수 있는 방법은 길을 따라 띠녹지를 만들어 그 안에 가로수를 심는 것이다. 가로수도 보호하고, 더 많은 녹지도 확보할 수 있다. 가로수와 가로수 사이는 어차피

걷기에 적합하지 않은 곳이 많으니 딱히 보행공간이 줄어들지도 않는다.

띠녹지가 힘들다면 가로수 아래만이라도 녹지이면 좋겠다. 힘겨운 모습의 철제 수목보호대를 볼 때마다 수목보호대를 걷어내고 그 자리를 풀밭으로 만들면 어떨까 하는 생각을 한다. 예쁜 풀꽃을 심어도 좋고, 자연스럽게 날아온 풀씨가 피워낸 풀을 조금씩 다듬어 관리만 잘해도 수목보호대 역할을 하면서 보기에도 좋고, 녹지도 늘어나지 않을까? 관리가 좀 힘들 수는 있겠다.

그러던 어느 날, 자주 가는 동네 3층 카페 앞 수목보호대 두 개가 잔디로 바뀌었다. 나와 비슷한 생각을 한 구청에서 시험 삼아 잔디를 심은 걸까? 한 해 잘 키워보고 겨울을 무사히 나면 다른 수목보호대도 잔디로 바꿀 생각인가? 그 앞을 지날 때마다 응원하는 마음으로 잔디 수목보호대를 바라보았다. 겨울이 되자 잔디는 다른 풀처럼 갈색으로 변했다. 그리고 봄이 왔을 때, 푸른 잔디가 나왔다. 성공이다! 이제 가로수 아래에서 푸른 잔디를 볼 수 있는 건가!

하지만 기대와 달리 잔디 수목보호대는 확산되지 않았다. 확산은커녕 두 곳의 잔디도 관리되지 않았다. 웃자란 잔디가 잡초처럼 보였다. 시험 삼아 심은 것이면 봄이 오자마자 달려왔을 텐데.

다행히도 여름이 다가오자 잔디는 예쁘게 손질됐다. 작년과는 달리 잔디 안쪽, 가로수와 맞닿은 부분에는 분꽃도 심었다. 잔디 수목보호대를 포기하지는 않은 듯했다.

꽃 심은 잔디 수목보호대.

또 다른 시험인가 싶었다.

그렇게 4년이 지났다. 여전히 우리 동네 가로수 수목보호대 189개 중 단 2개만이 잔디를 입었다. 잔디는 겨울을 견뎌냈고, 봄이면 푸르렀고, 늦봄에 웃자랐으며, 초여름에 이발을 하고, 분꽃을 맞았다. 3층 카페에 갈 때마다 잔디 수목보호대를 바라봤고, 공무원들의 신중하고 끈기 있는 실험 정신에 혀를 내둘렀다.

그러던 어느 날, 못 보던 것이 생겼다. 누가 분꽃을 해칠까 걱정했는지, 빨간 노끈으로 분꽃을 빙 둘렀다. 네 귀퉁이에 철로 된 옷걸이를 펴서 만든 지지대를 심어 노끈을 잡아줬다.

'이건 절대 구청의 손길이 아니다!'

누군가 가로수 아래를 돌보고 있음이 확실했다. 왜 그동안 구청이 아닌 '누군가'가 돌볼 수 있다는 생각을 못 했던 걸까? 궁금한 마음에 얼른 3층 카페로 올라가 사장님을 찾았다. 동네 사람들과의 교류를 즐기는 사장님이니, 사장님은 누가 가꾸는지를 이미 알고 있거나, 금방 알아낼 수 있을 것 같았다. 카페 사장님은 기대를 저버리지 않고 단 하루 만에 손길의 주인공을 찾아냈다.

"1층 부동산 사장님이 심으셨대요."

가로수 바로 앞에서 부동산을 운영하는 사장님은 철제 수목보호대 위에 흙을 돋우고, 잔디 씨앗을 뿌리고, 웃자란 잔디를 자르고, 분꽃을 심고, 노끈을 두르셨다. 그렇게 부동산 사장님이 자신의 가게 앞 가로수 아래를 애지중지 가꾼 덕분에 나를 비롯한 우리 동네 사람들은 푸른 잔디와 분꽃, 그와 잘 어우러진 멋진 가로수를 볼 수 있었다. 하지만 모두에게 효과가 있는 것은 아니었다.

내가 카페 사장님에게 "건물 앞 가로수 아래에 잔디를 누가 심었는지 아느냐?"고 물었을 때 내가 기대했던 대답은 "아, 그거요! 대영이 아빠가 심은 것 같던데요?"라든가, "글쎄요, 나도 궁금했는데 한번 알아볼

부동산 앞 수목보호대

까요?" 정도였다. 하지만 카페 사장님은 나의 기대에 부응할 생각이 전혀 없었다.

"잔디요? 그런 게 있어요?"

세상에. 잔디가 심긴 지 4년이나 됐는데.

가로수 아래 씀바귀 꽃밭

가로수는 우리와 가장 가까운 나무이지만, '오지라퍼' 카페 사장님도 자신의 가게 앞 가로수 아래의 변화를 4년 동안이나 눈치 채지 못할 정도로, 가로수 아래는 그다지 눈길을 받는 곳이 아니다. 하지만 흙이 귀한 도시에서 가로수 아래는 야생의 풀에게 놓칠 수 없는 공간이다. 특히나 우리 동네처럼 행정의 손길이 뜸한 도시 외곽의 가로수 아래는 종종 작은 생태계가 된다.

2016년 5월, 나는 동네의 한 가로수 아래에 자라는 풀들을 살펴보았다. 그 모습을 전작 『시티 그리너리』의 머리말에 옮겨놓았다. 그 글을 그대로 인용하자면, 한 그루의 가로수 아래에는 "이른 봄에 작은 꽃을 부지런히 피웠던 별꽃, 선괭이밥, 냉이가 열매를 맺고 있었다. 봄의 끝자락이었지만 봄맞이는 여전히 그 이름에 걸맞은 앙증맞은 꽃을 피우고 있었다. 그 옆에 노란꽃을 피운 애기똥풀이 보였다. 쑥은 쑥쑥 자라고 있었고, 봄부터 가을까지 꽃을 피우는 서양민들레는 꽃과 열매를 함께 달고 있었다. 땅바닥에 붙은 채로 겨울을 난 개망초는 슬슬 줄기를 세워 나가 올 여름에 꽃을 피울 준비가 한창이었다. 꽃등에 한 마리가 배를 채우고 있었고, 일하는 것인지 노는 것인지 모를 개미들이 바쁘게 돌아다니고" 있었다. 1제곱미터의 좁은 흙밭은 수많은 생명이 살아가는 터전이다.

어떤 수목보호대는 풀들끼리 서로 침범하지 않기로 신사협정이라도 맺은 것인지, 나무들이 각자 취향에 맞게 키우는 것인지, 하나의 종이 우점하고 있었다. 봄꽃이 한창이던 때, 한 가로수 아래에 노란 씀바귀가 흐드러지게 피어 있었다. '씀바귀 꽃밭'이라고 푯말을 붙여 놓아도 전혀 이상하지 않을 만큼, 그 가로수 아래는 온통 씀바귀 차지였다. 갑자기 다른 가로수 아래가 궁금해져 동네를 돌아봤다. 놀랍게도, '씀바귀 꽃밭'처럼 하나의 종이 우점하는 곳이 꽤 있었다. 분홍빛 머금은 흰 꽃이 핀 선씀바귀가 가득한 곳, 왕포아풀이 키를 키워가는 곳, 초봄부터 꽃대를 키워가며 쉼 없이 새로운 꽃을 피우고 꽃 진 자리에 열매를 쌓아가는 냉이가 차지한 곳, 쑥이 얕고 옓게 점령한 곳, 강아지풀(이라 믿기로 한 풀)이 빽빽이 들어찬 곳, 무잎을 닮은 풀이 꽉 채운 곳, 꽃대와 잎이 어마어마하게 큰 슈퍼민들레 하나가 일당백의 기세를 뿜어내던 곳까지. 다들 한자리씩 차지했다.

수목보호대를 하나씩 차지하고 있는 녀석들

가로수 아래의 흙뿐만 아니라 가로수 자체에 기대어서도 많은 생명이 살아간다. 민물가마우지가 살고 있는 아라뱃길에는 자전거도로를 따라 느티나무 가로수가 심겨 있다. 가로수 수피에는 작은 새알이라고 해도 믿을 만한 모양의 동그란 석회질 덩어리가 잔뜩 붙어 있다. 노랑쐐기나방의 고치다. 노랑쐐기나방 애벌레도, 성충도 본 적이 없지만(물론 봤어도 몰랐겠지만), 고치는 많이 봤다. 노랑쐐기나방의 고치는 도시에서 가장 쉽게 볼 수 있는 나방의 고치다. 나방 고치를 보고 싶다면 나무에 붙어 있는 새끼손톱 크기의 새알을 찾으면 된다.

그런데 내가 본 고치의 대부분은 속이 텅 비어 있었다. 고치 안에 있던 녀석들은 이미 바깥으로 사라졌다. 고치 윗부분이 마치 칼로 자른 것처럼 반듯하게 잘려 있다면 고치 주인이 나방이 되어 스스로 나간 것이다. 위가 아닌 측면이 마치 강펀치를 한 방 맞은 것처럼 부서져 있다면 누군가 깬 것이다. 새가 그랬을 가능성이 높다. 범인은 흔적을 남긴다.

고치 안에 있던 번데기는 사냥꾼의 뱃속에 들어가기보다는 새끼의 먹이가 되었을 가능성이 더 높다. 보통 새끼 키울 때 고기를 많이 준다. 성장에는 단백질이 필수니까. 몸을 구성하는 온갖 요소를 만들 때 정말 중요한 것이 단백질이다. 어른들은 아이들만큼 많은 단백질이 필요하지는 않으니 나무 열매만 먹어도 사는 데 큰 무리가 없다. 그래서 어른일

노랑쐐기나방 고치. 어른이 된, 또는 먹이가 된

때 열매를 먹고 사는 새들도 아이들에게는 단백질, 즉 애벌레나 지렁이, 지네 같은 동물을 먹인다. 육식으로 알려진 말벌도 어른들은 주로 꿀을 먹고, 아이들한테 고기를 먹인다. 아무튼, 아라뱃길 느티나무 가로수는 나방도 키우고, 새의 새끼도 키우는 꼴이 됐다.

가로수는 새에게 집터도 제공한다. 2021년 1월, 한 쌍의 까치가 우리 동네 이팝나무 가로수에 둥지를 틀었다. 까치가 집 짓는 일이야 흔하게 볼 수 있지만, 유독 이 한 쌍의 까치가 내 눈길을 잡은 이유는 이들이 성공적으로 집을 지으면, 우리 동네 이팝나무에 최초로 입주하는 까치 부

이팝나무에 집을 지은 까치

부가 되기 때문이다.

우리 동네 이팝나무 가로수는 2006년경 빌라 단지를 택지개발 하면서 심은 것이다. 어린 나무에 집을 지을 수는 없을 터, 동네 까치들은 주로 아파트 단지 안에 있는 오래된 중국단풍이나 대왕참나무, 메타세쿼이

아의 높은 곳에 집을 짓곤 했다. 아파트 단지는 빌라 단지보다 오래됐고, 또 이팝나무 가로수와는 달리 처음부터 좀 자란 나무를 심었으니, 아파트 단지 안에 있는 나무가 가로수보다 훨씬 키가 컸다. 까치들의 선택이 아파트 단지 정원수였던 것은 당연한 일이었다.

어린 이팝나무는 무럭무럭 자라 5월이면 온 동네를 하얗게 수놓고, 겨울이면 보라색 열매로 동네 새들의 배를 채워주더니, 드디어 까치의 집터까지 제공해주게 됐다.

그런데 까치 부부의 건축 현장을 보고 있는 마음이 좋지만은 않았다. 아무리 봐도 이 부부의 둥지가 여느 까치집에 비해 현저히 낮았기 때문이다. 동네에 있는 다른 까치집들은 보통 4~5층 높이에 많이 지어졌다. 그런데 이 까치 부부의 둥지 위치는 2층 높이였다. 생육속도가 느린 이팝나무는 15년 동안 자라긴 했지만, 아직 충분히 크지는 않았다. 그런데 녀석들은 왜 낮은 이팝나무에 집을 지었을까?

까치의 입장이 되어 보지 않아 잘 모르겠지만 한 가지 짐작 가는 일이 있다. 1년 전, 우리 동네 아파트 단지는 '강전정'이라 불리는 가지치기를 했다. 옆으로 자란 가지를 모조리 잘라내 나무기둥처럼 만든 것도 모자라 줄기의 윗부분까지 잘라 키도 낮춰 놓았다. 그 과정에서 많은 까치집이 철거됐고, 새로운 집터가 될 만한 곳도 사라졌다. 동네를 둘러보던 까치는 차마 정든 동네를 떠나지는 못하고, 길가 낮은 이팝나무에 집을

강전정 된
우리 동네 나무.
중국단풍, 회화나무,
메타세쿼이아,
은행나무, 대왕참나무,
느티나무.
뭐 이제 다 똑같이
생겼지만.

지은 것은 아닐까?

도시가 나무를 대하는 자세

우리 도시가 나무를 대하는 자세는 어떨까? 도시 나무의 대표선수는 가로수다. 우리나라 도시에는 개화기를 지나면서 대로와 가로수, 가로등이 세트로 묶이는 근대 도시 가로가 도입됐고, 이때부터 본격적으로 가로수를 심었다. 가로수를 관리하는 데도 법이 필요했다. 법의 변천을 통해 우리 도시가 나무를 대하는 자세의 변화를 조금 엿볼 수 있다.

대한민국 건국 이후, 가로수가 본격적으로 법률에 따라 관리된 것은 <도로법>이 시행되면서부터다. 이때 <도로법> 제3조에 도로부속물의 하나로 가로수가 명시된다. 가로수가 도로의 부속물로 여겨지면서 가로수 관련 업무는 건설부가 담당하게 된다. 하지만 가로수는 도로와는 달리 살아 있는 생명임으로 건설부가 관리하기에는 무리가 있었다. 1973년 산림청으로 관리주체가 변경되었고, 이때 가로수관리규정이 제정되어 보다 체계적인 관리가 시작됐다. 현재는 지방자치단체로 가로수 조성 및 관리업무가 이관됐다.

이제는 <산림자원의 조성 및 관리에 관한 법률>에 의거, 도로를 신설하는 경우 가로수를 조성해야 하고, 도로 설계단계에서부터 가로수를 심을 공간을 반영해야 한다. 길을 새로 만들면 가로수를 심어야 하고, 하나의 생명인 가로수가 잘 자랄 수 있도록 가로수의 공간을 미리 확보해야 하는 것이다.

각 지방자치단체는 가로수 조성 및 관리와 관련된 조례를 만들어 법에 따라 가로수를 관리한다. <서울특별시 가로수 조성 및 관리 조례>를 보면 가로수는 "아름다운 경관의 조성, 환경오염 저감과 녹음 제공 등 생활·교통환경 개선, 자연생태계의 연결성 유지"를 위해 심는다. 법만 보면 이제 가로수가 도로나 보도블록, 가로등과는 다른, 생명이 있는 존재임을 알고 있는 것 같다. 그리고 가로수가 도시 생태계에서 중요한 역할을 하고 있음도 이미 알고 있다. 그런데 우리는 가로수를 정말 생명으로 여기고 있을까? 가로수에 기대어 수많은 생명이 살아가고 있음을 알고 있을까?

최근 우리 도시의 나무들이 수난을 겪는다. 아파트 정원수도, 길가 가로수도, 상가 앞 공개공지에 심은 나무들까지, 바야흐로 '강전정'의 시대다. 예전에는 주로 플라타너스처럼 생장이 빠른 나무만 강전정을 했으나 요즘에는 아무런 구분이 없다. 좀 크다 싶으면, 한 번 자를 때 비용을 아끼기 위해, 귀찮아서, 댕강 잘라버린다.

아예 가로수를 베어내는 일도 허다하다. 서울의 서순라길은 보도가 좁다는 이유로 환상적인 단풍을 선사하던 은행나무와 느티나무를 모두 베어냈다. 돈화문길을 따라 서 있던 40년생 플라타너스는 돈화문을 가린다는 이유로 베어졌다. 덕수궁 돌담 옆에서는 보행환경을 개선하고 돌담을 보호한다는 이유로 역시 40년생 플라타너스를 베려다 시민들의 항의를 받고 멈췄다. 대전 서구 일대에는 아름드리 튤립나무와 회화나무 360여 그루를 베고 어린 중국단풍과 왕벚나무를 심었다. 나무가 약하고 진액이 흘렀다나 뭐라나. 충북 청주시 가경천에서는 하천 정비사업을 이유로 수십 년 된 살구나무 150여 그루를 베었다가 주민 항의로 공사를 멈췄다. 세종시는 시 전체 가로수의 3분의 2에 해당하는 2,000여 그루를

시민들이 지켜낸
덕수궁 돌담길 플라타너스

생육불량이라는 이유를 들어 뽑아버렸다. 가로수 교체 비용을 모두 LH 공사가 부담하니 조금만 이상하거나 멀쩡한 가로수까지 세종시에서 교체를 요구한 것이다. 우리가 가로수를 다루는 방식 속에 생명은 있는가? 다른 생명까지는 제쳐두고라도, 도시를 사는 시민들을 위해서도 가로수를 좀 더 세심하게 다뤄야 하지 않을까?

최근 이런 현실에 문제를 제기하는 시민들이 등장했다. 물론 그 전에도 가로수 보존을 위해 목소리를 내는 시민들이 있었지만, 대부분 민원 수준이었다. 그리고 가로수와 관련된 시민 민원의 절대 다수는 가로수를 보존해달라는 것이 아니라 베어달라는 것이었다. 주된 이유는 간판 가림이다. 생계가 달려 있다는 민원 앞에 가로수와 함께 살고 싶어 하는 사람들, 가로수와 가로수에 깃든 생명을 존중하는 시민들의 목소리는 흩어졌다.

앞서 언급한 덕수궁 돌담길 플라타너스 보존 운동을 계기로 '가로수를 아끼는 사람들'의 활동은 활발해졌다. 이들은 무분별한 가로수 벌목과 강전정 문화를 바로잡기 위해 노력하고 있다.

걷고 싶은 가로수길

대구 시내 한복판에 있는 국채보상운동기념공원은 대구를 대표하는 공원 중 하나다. 그런데 공원보다 더 유명한 곳이 공원을 둘러싸고 있는

국채보상운동기념공원을 둘러싸고 있는 두 줄 가로수

길이다. 국채보상운동기념공원 인근 700여 미터에 달하는 길에는 대왕참나무가 두 줄로 심어져 있다. 두 줄 가로수는 하늘을 차지하려 위로, 옆으로 가지를 뻗는다. 두 나무가 만나 터널을 이루고, 나무가 터널을 이룬 길은 도심 속 숲이 된다. 여름이면 시원한 그늘을 만들어 주고, 가을이면 붉은 단풍을 선사한다. 다람쥐 줄무늬가 그려진 귀여운 도토리는 덤이다.

대구시는 1996년부터 본격적인 나무 심기를 했다. 도심공원과 수목원이 조성됐고, 교통섬과 중앙분리대, 자투리땅 등에 약 4,000만 그루의 나무를 새로 심었다. 그중에 두 줄 가로수가 있었다. 두 줄 가로수는 시민들의 사랑을 받는 공간이 됐다. 아름다운 가로수길을 찾아 일부러 그 길까지 가기도 하지만, 시내 곳곳에 조성된 두 줄 가로수길은 시민들이 출퇴근하고, 등교하고, 쇼핑하러 다니는 일상의 공간이다. 매일같이 지나다니는 길에 숲이 있는 사람들은 얼마나 좋을까?

물론 나무를 베는 데는 다 이유가 있다. 도심의 가로수는 자연 상태의 나무와는 달리 고려해야 할 것이 많다. 하지만 모든 일에는 양면성이 있고, 선택과 조절의 여지가 있다. 가로수의 효능은 일일이 열거할 필요도 없다. 그런데 우리는 가로수로 인한 문제가 발생했을 때, 항의나 민원을 받았을 때, 새로운 취향이 생겼을 때, 너무도 쉽게 가로수를 잘라내는 것으로 해결하려 한다.

잘려진 가로수 밑동이 드러난 길이 아닌, 앙상한 닭발 가로수가 서 있는 길이 아닌, 나뭇가지가 하늘을 뒤덮은 도시를 걷고 싶다. 나의 일상의 동선에도 하늘을 덮은 가로수길이 있으면 좋겠다. 그러려면 목소리를 내야겠다. 남들 앞에 서서 큰 목소리를 내기에는 용기가 없으니, 지갑이라도 열어야겠다. 나의 푸른 도시 생활을 지켜주는 이들의 활동이 고맙다. 돈이라도 낼 수 있으니 참 다행이다.

상모솔새의
목소리가 들려

소리가 들릴 때 하늘을 보다

특정 장소에서, 특정 종을, 특정 포즈로 꼭 만나야 한다는 목적으로 자연을 관찰하는 경우는 드물다. 보통은 여유를 즐기고 싶어서, 그저 자연이 좋아서, 다른 생명이 궁금해서, 자연을 바라본다.

그때는 책에 넣을 사진이 필요했다. '도시에 살고 있는 황조롱이'를 잘 표현할 수 있는 사진. 다행히 우리 아파트에 황조롱이가 살고 있어 멀리 갈 필요는 없었다. 우리 동네 황조롱이는 주로 아파트 측면 꼭대기 근처에 앉아 있었다. 그곳에는 아파트 이름이 커다랗게 적혀 있었고, 그 아래로 이름을 돋보이게 하려는 듯 가로로 얇고 길게 돌출된 철판이 밑줄처럼 그어져 있었다. 황조롱이는 그 밑줄 위에 앉기를 좋아했다. 하지만 녀석이 앉아 있는 곳은 나의 저배율 망원렌즈로 사진을 찍기에는 너무 멀었다. 좀 더 가까운 곳으로 날아오길 기다려야 했다.

여행이 좋아 여행작가가 됐지만 그 후 여행이 일이 되어버렸다는 뻔한 클리셰처럼, 자연이 좋아 자연을 관찰하지만 자연 관찰에 대한 책을 쓰다 보면 관찰이 일이 될 때가 있다. 그때가 그랬다. 황조롱이가 가까이 오기를 기다리는 것은 매우 지루하고 힘든 일이었다.

우선 녀석이 우리 아파트에 나타나기를 기다려야 한다. 한참을 기다리다 보면 렌즈가 닿지 않는 높은 밑줄에 앉는다. 카메라를 준비하고 녀석이 가까이 날기를 기다린다. 하지만 녀석은 좀처럼 날 기미가 없다. 언제 갑자기 날지 모르니 긴장을 늦추면 안 된다. 무거운 카메라 렌즈를 녀석에게 고정시키고 또 한참을 기다린다. 어깨가 쑤셔오고 팔에 힘이 빠질 때, 마치 그 순간을 기다렸다는 듯 녀석이 날아오른다. 나의 렌즈는 허공을 허우적댄다. 한바탕 희롱을 마친 녀석은 아파트 바깥으로 유유히 빠져나간다. 다시 녀석이 아파트를 찾을 때까지 기다린다. 이건 정말 일이다.

방법을 바꾸기로 했다. 녀석을 찾아다니는 것이 아니라, 내 동선에 녀석이 들어오는 순간을 잡기로 했다. 무거운 카메라를 늘 들고 다녀야 하는 수고로움이 있지만, 관찰이 일이 되는 것만큼은 피하고 싶었다. 그렇다고 길을 걸을 때마다 고개를 쳐들고 다닐 필요는 없다. 하늘에서 황조롱이 소리가 들리면, 그때 고개를 들어도 늦지 않다.

그날의 행운은 나의 덤벙거림에서 시작됐다. 당시 난 매일 아침 동네 카페로 출근해서 글을 쓰곤 했는데, 카페에 도착한 후에야 필요한 책을 놓고 온 것을 알아차렸다. 출근하자마자 다시 집에 다녀와야 하는 상황. 카메라를 두고 갈까 잠깐 망설이다 혹시나 하는 마음에 한쪽 어깨에 카메라를 메고 카페를 나섰다. 그런데 아파트 단지로 들어서는 순간! 잘은 비브라토의 "끼리리 끼리리" 소리가 들렸다.

'황조롱이다.'

매과 중에 비슷한 소리를 내는 새가 있지만 우리 동네에서 이런 소리를 내는 건 황조롱이뿐이니 다른 새 소리에 비해 알아차리기가 쉽다. 고개를 들어 주위를 살폈다. 좌측 건물 8층, 에어컨 실외기 자리에 녀석이 앉아 있다.

급히 사진을 한 장 찍었다. 하지만 8층 실외기 자리는 책에 넣을 만한 화질의 사진을 얻기에는 여전히 멀었다. 아무리 생각해도 내 망원렌즈는 멀리 있는 새를 찍기에 적절하지 않다.

'600mm짜리 고배율 망원렌즈를 사야 하나…?'

역시 돈으로 해결하는 것이 편하다. 아내의 찡그린 얼굴이 스쳐 지나갔다.

'애초에 잘 사지 그랬어.'

아내의 목소리도 들렸다.

순간 녀석이 날았다.

나는 녀석의 결단과 행동에 감동한 나머지 이날의 비행에 제목을

작품명 〈렌즈 사겠다는 말은 넣어둬라〉

붙여줬다. <렌즈 사겠다는 말은 넣어둬라>

녀석은 감독의 연기 주문을 충실히 소화한 배우처럼 날았다.

'매과 시그니처 포즈 있지? 두 날개를 쫙 펴야 돼. 펄럭이지 말고. 꼬리도 부채꼴 모양으로 활짝 펴줘. 그래야 사람들이 황조롱이인 줄 알지.' '배경으로 아파트 건물이 나왔으면 좋겠어. 무엇보다도 낮고 천천히 날

아야 해. 그래야 찍을 수 있다고! 한 번에 가자! 하이 큐!'

녀석은 딱 그렇게 날았다. 그날 찍은 '도시에 살고 있는 황조롱이 사진'은 『시티 그리너리』 100쪽에 실렸고, 아내와는 여전히 사이가 좋으며, 내 망원렌즈는 아직도 400mm다.

두 개의 귀보다는 열 개의 귀

새를 관찰할 때 소리에 먼저 귀 기울이는 것은 아주 오래된 수법이다. 특히나 빽빽한 나뭇잎 사이를 날아다니는 작은 산새를 관찰할 때 소리의 도움을 마다하는 건 멍청한 일이다. 새를 관찰하러 산에 가면, 우선 눈보다는 귀에 의존해야 한다. 새 소리가 들리면 소리가 나는 방향의 나무를 잘 살핀다. 비대칭 귀를 갖고 있어 소리의 방향을 입체적으로 알아차리는 올빼미가 아닌 이상, 소리를 듣고 곧바로 새의 위치를 파악하는 것은 매우 어려운 일이다.

그래서 산새를 관찰하러 갈 때는 여러 명이 함께 가는 것이 좋다. 두 개의 귀보다는 열 개의 귀가 낫다. 귀를 쫑긋하고 최대한 소리에 집중해 눈으로 살펴볼 범위를 좁혀간다. 소리의 주인공을 알고 있으면 찾기가 조금 더 수월하다. 몸길이가 30센티미터에 달하는 검은등뻐꾸기의 소리를 들었을 때와 10센티미터인 진박새 소리를 들었을 때, 나의 눈빛과 마음가짐은 달라질 수밖에 없다. 솔새의 소리가 난 방향에 침엽수가 있다면, 붉은머리오목눈이의 소리가 난 방향에 관목이나 덤불이 있다면, 그곳을 먼저 본다. 때까치가 울면 가지 끝을, 동고비나 딱따구리의 소리라면 나무줄기를 먼저 훑는다. 꾀꼬리의 소리를 들었다면 노란색을, 파랑새 소리를 들었으면 파란색을 찾아야 한다. 동박새가 울면 동백나무를, 굴뚝새가 울면 굴뚝을 먼저 보는 것이 인지상정. 그러니 새소리를 알고, 새소리에 귀를 기울이면 새를 관찰하기 좋다.

아무리 귀를 쫑긋 세워도 새를 보지 못하는 경우도 많다. 만약 다섯

새 중에 큰 새인 칡부엉이도,
곤충 중에 큰 곤충인
긴날개여치도,
잎 사이에 저러고 있으니
보일 리가 있나.

명이 함께 탐조를 한다고 했을 때, 새소리를 듣고 다섯 명이 일제히 나무를 살피다가 한 명이 새를 발견해 방향을 알려주면, 도움을 받은 사람 중 두 명이 새를 보고 기뻐하고, 나머지 두 명은 계속 이런 말을 반복한다.

"도대체 어디 있다는 거야!"

분명 소리는 나는데 좀처럼 모습을 보여주지 않는 새가 야속하다. 하지만 새소리는 새소리 자체로도 좋다. 새를 볼 수 있는 길라잡이도 되고 소리 자체도 좋으니, 새를 좋아하는 사람들은 새소리도 좋아하고, 새소리를 알고 싶어 한다. 하지만 수많은 새들이 살고 있는 숲에서 비슷비슷한 새소리를 구분하는 것은 정성이 많이 필요한 작업이다. 그런데 말입니다, 내가 이런 무수히 많은 새의 소리를 알 턱이 없지 않은가! 다행히 탐조 모임이 많고, 그곳에는 고수가 많다. 허리를 약간 굽히고, 최대한 공손하게, 두 손을 모으고, 계속 물어보면 귀찮을 수도 있으니까, 열 번만 물어봐야지, 하고 다짐하고, 쫄래쫄래 쫓아다닌다.

"선생님. 이 소리는 어떤 새의 소리인가요?"

우리 착한 선생님들은 몇 번을 물어봐도 성내지 않는다. 어떤 때는 묻지 않아도 먼저 말씀해주신다.

"어! 숲새 소리다! … 너 또 물어보려고 그랬지?"

하지만 우리 동네에서는 간단하다. 온갖 새소리로 가득한 숲속에서 온갖 새들을 구분해 내는 것은 바닥에 쏟아진 작은 레고 블록으로 집을 지어야 할 때처럼 막막하다. 매일 만나는 익숙한 새들과 함께하는 동네에서는 내가 알아듣는 새소리가 나의 인식의 바닥을 다지고, 기둥을 세우고, 지붕을 올리고, 벽을 발라준다. 그리고 하나둘씩 새로 만나는 새들로 채워가면 쉽다. 우리 동네에서의 바닥과 기둥과 지붕과 벽의 소리는 참새의 짹짹짹짹, 비둘기의 구구구구, 까치의 깍깍깍깍, 직박구리의 쨱구깍꿰다.

매일 들리는 이들의 소리에 익숙해지면, 차츰 그 소리 사이로 다른 소리가 들린다. 그 소리는 박새 소리다. 박새가 이렇게나 자주 우리 동네에 나타났던가. 이제 또 다른 소리도 들린다. 새소리에 귀를 기울이고 고개를 돌려보면, 작은 새는 참새만 사는 줄 알았던 동네에 박새가, 곤줄박이가, 딱새가, 붉은머리오목눈이가 함께하고 있음을 알게 된다. 그렇게 익숙한 새소리의 범주가 넓어지면, 아주 가끔씩 우리 동네를 찾아오는 귀인의 방문을 알아차릴 수 있다.

낯선 명금류의 소리

어느 겨울, 맘씨 좋은 황조롱이 덕분에 여전히 사이가 좋은 아내와 함께 400mm 렌즈를 장착한 카메라를 들고 집을 나섰다.

"삐리리삐 삐리리삐 삐리리삐 삐빗."

매년 겨울이면 한 번씩 우리 아파트에서 소리 들려주는 상모솔새

작은 명금류가 내는 금속성 소리. 난 걸음을 멈췄다.

"처음 듣는 소리야. 낯선 새가 왔어."

소리만 딱 듣고, 그 소리를 내는 새가 박새인지, 진박새인지, 쇠박새인지, 곤줄박이인지, 딱새인지를 자신 있게 구분해내지는 못하지만, 평상시 듣던 소리인지 아닌지는 분간이 가능하다. 그동안 귀를 기울인 결과다. 행여나 새가 놀랄까, 움직임을 멈춘 채 고개만 돌려 주위를 살폈다. 소리는 다섯 평 좁은 땅에 여섯 그루의 나무가 부대끼며 살고 있는 현관 옆 화단에서 들렸다. 주목 가지 끝에 작은 새 한 마리가 보인다. 초록색

몸에 노란 줄로 머리를 장식했다. 추워서 웅크려 그런 건지, 원래 생김새가 그런 건지, 하늘을 나는 새답지 않게 통통한 몸이 인형 같다. 상모솔새다. 누가 이름에 '솔새' 안 들어간다고 할까봐 매화나무, 살구나무 다 제쳐두고 침엽수인 주목을 맴돈다.

자신의 아파트에서 상모솔새를 본 사람이 얼마나 될까? 아마 만 명쯤 모아놓아도 한 명 될까 말까 하겠지. 그 될까 말까 한 게 바로 나다. 하지만 상모솔새는 생각보다 '흔한' 겨울철새다. 사람을 아주 무서워하지는 않아서 가끔 아파트에 날아온다. 작고, 잘 보이지 않으니 못 봤을 뿐이다. 물론 봤어도 참새인 줄 알고 지나친 사람도 많았을 것이다. 내가 상모솔새를 볼 수 있었던 건, 눈이 좋거나 관찰력이 뛰어나서라기보다는, 평소에 귀를 열어 주위의 새소리를 들었고, 평상시와는 다른 새소리를 알아차렸기 때문이다.

길을 걷다, 새소리를 듣고, 낯선 소리임을 알아차리고, 곧 상모솔새를 찾아내자, 그 과정을 함께한 아내가 기특하다는 표정으로 머리를 쓰다듬어주며 한마디했다.

"오, 숲해설가 맞는데!"

6

창밖을 보라, 창밖을 보라, 기러기 내린다

자연 같은 자연

사람들이 모여 살려면 규모 있는 낮은 평지가 필요하다. 온통 산인 대한민국 지형에서 낮은 평지는 산과 산 사이의 골짜기를 따라 길쭉한 형태를 띤다. 산에서 내려온 물은 골짜기에서 만나 더 낮은 곳으로 흐른다. 그렇게 물이 모여서 흐르는 곳 옆에 평지가 있다. 사람이 모여 살기 좋다. 그래서 대한민국 도시의 대부분은 산과 산 사이의 골짜기를 따라 길쭉한 형태로 만들어졌다. 비교적 넓은 평지가 있는 큰 하천의 범람원에 자리한 도시에서도 고개를 돌리면 주위는 온통 산이다. 우리 대부분은 도시에 살고 있으면서 동시에 산 옆에, 그리고 물 옆에 살고 있다.

물론 도시화가 진행되면서 단단하고 넓은 평지를 만들기 위해 산을 깎고 습지를 메우기도 한다. 하지만 아무리 산을 깎는다 해도 인왕산과 아차산, 남산을 모조리 깎을 수는 없다. 서울 시가지 한복판에 있는 백련산과 매봉산, 배봉산, 서달산, 와우산도 그 자락의 상당 부분을 건물에 내주었으나 아직 산은 산이다. 원래부터 도로인 줄 알고 있는 도시의 오래된 도로 중 상당수가 사실은 물길을 복개해 뚜껑을 덮어놓은 것이지만, 그래도 안양천과 불광천 같은 규모 있는 물길까지 모조리 덮지는 못했다. 최근에는 뚜껑을 걷어내는 하천도 생겨나고 있다. 그러니 도시에 살아도 가까운 곳에 '자연 같은 자연'이 존재한다.

지금까지 줄곧 인천과 서울이라는 대도시에서만 살았던 나에게도 '자연 같은 자연'은 늘 가까운 곳에 있었다. 면목동 2층집에 살 때는 100걸음만 가면 용마산이 있었고, 온수동 아파트에 살 때는 아예 아파트 담장이 산과 접해 있었고, 중곡동 반지하에 살 때는 중랑천이 등굣길이었고, 부평동 빌라에 살 때는 큰 길 하나 건너면 만월산, 철길 하나 건너면 부평공원이었다. 산과 천이 아니더라도, 나무와 풀과 물이 있는 도시공원은 나름 자연 구실을 한다. '자연 같은 자연'을 보고 싶다면, 조금만 걸어 산과 하천과 공원을 찾으면 된다. 시 경계에 집이 있다면 논도 훌륭한 관찰지다. 우리 동네가 그렇다.

1883년 개항 이후, 인천은 인천항에서부터, 서울은 사대문 안에서부터 사방으로 확장됐다. 그 사이에 낀 근교농업지역 부천은 시가지가 가득 찬, 전국에서 타의 추종을 불허하는 높은 인구밀도의 도시로 바뀌었다. 인천, 부천, 서울. 인구 1,400만 명의 세 도시가 만나는 김포공항 인근은 경인 지역에서 유일하게 넓은 논이 남아 있는 지역이다. 전국 1퍼센

창덕궁에서 새끼 키우는 아물쇠딱따구리. 도심 한복판 궁궐에도 다양한 새가 산다.

트의 면적에 27퍼센트의 인구가 바글바글 모여 사는 곳, 산도 깎고 바다도 메워 건물을 짓는 경인지역에 이런 넓은 농지가 남을 수 있었던 것은 공항이 있어 높은 건물을 지을 수 없고, 여러 지자체가 만나는 경계에 있는 덕분이다. 그 서쪽 끝에 우리 동네가 있다.

경인지역 최후의 농지도 점점 줄어들고 있다. 이미 20여 년 전 서울 마곡의 논이 마곡지구로 떨어져 나갔다. 김포공항 인근의 논 중에 서울 시가지와 가장 가까운 곳이다. 그리고 지금 부천 대장들녘은 대장지구가 됐고, 인천 계양들녘은 계양지구가 됐다. 우리 동네 논은 계양구에 속해 있지만 계양들녘과는 아라뱃길로 나뉘어 있어 살아남을 수 있었다. 3기 신도시가 완공되면 김포공항을 빙 둘러싸던 농지의 대부분이 사라지고, 우리 동네 외곽의 논과 김포공항과 맞닿은 곳의 논만이 남게 된다. 그 논의 일부가 우리집 창문 밖에 있다. 마을 가장자리에 집이 있는 덕분이다.

창밖 풍경은 아파트 담장 안쪽 정원의 근경(近景), 담장 너머 펼쳐진 논의 중경(中景), 20킬로미터 바깥에 우뚝 서 있는 북한산의 원경(遠景)으로 이어진다. 건물과 맞닿아 있는 아파트 정원에는 동네 새들이 꽃과 꿀과 열매를 취하는 벚나무가 있다. 정원 밖 길가에는 까치가 집을 짓고 새들이 잠시 쉬어가는 대왕참나무가 줄지어 서 있다. 대왕참나무 바로

새들이 잠시 쉬어 가길 즐기는 대왕참나무

뒤쪽으로 아파트 담장이 있고, 곧이어 논이다. 논 너머에 얕은 구릉의 숲이 들판의 외곽 경계를 이루고, 그 다음 시야에 들어오는 것은 저 멀리 북한산이다. 북한산 정상부의 백운대와 만경대, 인수봉이 날씨 좋은 날에는 바위의 질감까지 느껴질 정도로 또렷이 보인다.

벚나무, 대왕참나무, 논, 북한산으로 이어지는 이곳, 특히나 담장과 가깝게 붙어 있는 네 개의 논배미가 내가 가장 많은 시간을 들여 관찰하는 곳이다. 그도 그럴 것이, 아침에 일어나 기지개를 켜며 창밖을 바라봐도 관찰이요, 창가의 책상 앞에 앉아 글을 쓰다가 고개만 들어도 관찰이요, 공기가 깨끗한 날이면 누가 시키지 않아도 자연스럽게 눈길이 창밖으로 향하니 관찰이 되기 때문이다. 편안하게, 크게 노력하거나 시간을 따로 내지 않아도 되니 관찰로는 창밖 관찰 만한 것이 없다. 바쁘고 게으른 여러분에게도 창밖 관찰을 권한다. 너무도 쉽고, 편안하고, 볼거리도 많다. 다들 창밖에 논이나 북한산 정도는 보이지 않나? 훗!

물론 모두가 시 외곽에 살지는 않으니 창밖에 논이 보이지 않을 수는 있겠다. 하지만 앞서 말한 것처럼, 논 말고도 자연 같은 자연은 많다. 3년 전 인천 청라의 한 도서관에서 '도시 속 생명과 함께 살아가기'라는 강연과 탐방이 어우러진 프로그램을 진행한 적이 있는데, 그때 오신 분 중에는 새가 너무 좋아서 청라로 이사왔다는 분이 계셨다. 아파트가 가득한 청라신도시와 새가 무슨 관계가 있을까 생각하겠지만, 청라신도시의 서쪽 끝은 갯벌이다. 새를 좋아하시던 그분은 청라신도시의 서쪽 끝에 있는 집에 이삿짐을 풀었다. 매일 창밖의 갯벌을 찾아오는 새를 본다고 말씀하시는 표정은 정말 행복해보였다. 물론 계획대로 개발이 착착 진행된다면, 그분의 창밖 갯벌은 메워지고, 건물이 올라오겠지만.

나의 자연관찰에 많은 도움을 주시는 분 중에는 서울 동작구의 보라매공원에 접한 아파트에 사는 분이 계신데, 그분은 '#베란다탐조'라는 해시태그를 걸고 자신의 베란다에서 관찰한 내용을 기록하신다. 그분이 관찰한 새 중 일부를 적어보자면, 직박구리, 까치, 큰부리까마귀, 황조롱이, 참매, 검은이마직박구리, 새호리기, 오목눈이, 대륙검은지빠귀, 한국동박새, 동박새, 청딱다구리, 붉은배새매, 파랑새, 오색딱따구리, 되지빠귀, 흰눈썹황금새, 꾀꼬리, 박새, 쇠박새, 곤줄박이, 붉은머리오목눈이, 멧비둘기, 호랑지빠귀, 알락할미새, 솔부엉이, 노랑눈썹솔새, 노랑배진박새, 소쩍새, 큰유리새, 상모솔새, 노랑턱멧새, 밀화부리, 방울새, 노랑지빠귀 정도다. 시가지로 완전히 둘러싸여 있는 공원에 이런 새들이 몰려오고, 베란다에서 눈을 크게 뜨고 있으면 이런 새들을 볼 수 있다.

수원의 한 아파트에서는 '아파트 탐조단'이라는 이름으로 아파트 단지를 찾아오는 새를 관찰하고 기록하고 있는데, 노랑눈썹솔새, 힝둥새, 노랑허리솔새, 되솔새, 울새, 노랑딱새, 긴다리솔새사촌, 큰유리새, 숲새, 꾀꼬리, 제비, 파랑새 등이 그들의 관찰지에 이름을 올리고 있다. 알고,

관심을 가지면, 보인다.

창밖의 오월

다시 우리집 창가로 가보자. 자연의 풍경을 바라보며 일을 하겠다고 높고 기다란 책상을 서재 베란다 창을 따라 붙여 놓았다. 그곳에서 글을 쓰겠다고, 책을 읽겠다고, 생각을 하겠다고 앉아 있으면, 새가 날아다니고, 바람에 벼가 흔들리고, 태양이 떠오르고, 구름이 지나간다. 정신을 차리지 않으면 자연에 혼이 팔려 한 줄도 쓸 수 없다. 물론 지금처럼 당시 멍때리고 있던 순간을 글로 쓰기도 하니, 작가는 좋은 직업이다.

나는 지금 우리집 창밖 풍경을 여러분에게 전해주고 싶어 안달이 난다. 하지만 일 년 내내 순환하는 풍경의 시작을 어디로 잡아야 할지, 그렇게 시작점을 정했다고 해서 제대로 전달할 수 있을지가 걱정이다. 마음 같아서는 독자들에게 우리집을 방문할 수 있는 쿠폰을 나눠주고 "자! 이렇게 생겼어요"라고 보여주고 싶지만, 그 모습을 제대로 관찰하려면 최소한 계절별로 네 번은 와야 하고, 해 뜰 때와 해 질 때도 와 봐야 하고, 온 김에 나랑 맥주도 한 잔 하면서 "책에서 제일 재미있던 구절이 어디입니까? 제발 구체적으로 말해주세요" 따위의 나의 징징거림도 받아내야 하니, 부족하나마 글로 표현해보는 것이 낫겠다. (뭐, 다들 창밖은 있

창밖의 사계

으니까 쉽게 상상할 수 있겠지.)

이야기의 시작은 5월로 하겠다. 늘 순환하는 논이지만, 논의 주인인 벼가 처음 심기는 시기인 5월이 시작점으로 적당하다. 개인적으로도 오랫동안 그리워하며 기다리는 논의 모습이 5월이다.

4월의 논은 1년 중 가장 쓸쓸하다. 겨울 손님은 떠나갔고, 여름 손님은 아직 오지 않았다. 농부가 흘려놓은 낟알도 얼마 남지 않아 논을 찾는 이가 거의 없다. 메마른 논에 까치가 가끔 들르고, 길고양이가 어슬렁거릴 뿐이다. 쓸쓸함이 절정에 다다를 때, 달은 5월로 넘어가고, 논에 물이 채워진다. 메말랐던 갈색의 흙밭은 습지가 된다. 습지인 논은 많은 생태적 틈새를 만들어내 다양한 동식물을 끌어 모은다. 논에 생명의 바람이 분다.

5월 3일

논에 물 대는 것이 예년보다 늦다. 청개구리들은 마음이 급했는지, 물웅덩이 조금 생겼을 뿐인데 한 발 담그고 울어댄다. 나도 많이 기다렸다.

5월 4일

노란 새가 쑤욱 지나갔다. 꾀꼬리겠지. 급히 숲으로 가시는 중인가? 눈코입을 제대로 본 적이 없다. 만날 지나가는 꽁무니만. 창밖이 논이니 어쩔 수 없지.

5월 9일

머리 위로 황로 여덟 마리가 V자 대형을 이루고 날아간다. 한 마리씩 날아와 논에 앉는 것은 많이 보았어도 이렇게 V자 대형으로 날아가는 모습은 처음이다. 아마도 멀리 이동 중인 것 같다. 우리 동네에 자리를 잡을까 더 북쪽으로 올라갈까? V자 대형은 기러기들의 전유물이 아니었다.

5월 10일

논에 물을 대기 시작하니 새들이 날아온다. 낮에는 황로들이 왔다 갔고, 해질녘이 되니 원앙이 왔다. 황로야 매년 오는 녀석들이지만, 논에 원앙이 온 것은 낯설다.

5월 11일

어라? 오늘 또 왔네. 원앙.

5월 12일

논에 물이 많이 차올라 이제 흙바닥을 완전히 가렸다. 모를 심기 전까지, 논은 찰나 호수가 된다. 수심 10센티미터의 얕은 물이지만, 바닥이 모두 잠긴 논의 경관에 수심은 전혀 문제가 되지 않는다. 모를 심으면 그곳은 논이 되지만, 모를 심기 전까지, 물 위로 아무런 풀도 드러나지 않는 논은 잔잔한 호수와 다름없다. 동네 곳곳에 호수가 생긴다. 그 호수 중 네 개가 우리집 창문 바로 바깥에 있다. 그리고 기다렸다는 듯이, 기가 막히게, 논에 물이 채워지자마자 청개구리가 운다. 해가 지면, 창문을 활짝 열고, 작은 조명 하나 켜 놓고 거실에 앉는다. 5월의 자연이, 늦은 밤까지 집 안 깊숙이 들어온다. 내가 가장 사랑하는 5월의 동네 풍경. 내가 가장 사랑하는 5월의 동네 소리.

5월 13일

밑줄에 앉은 황조롱이가 짝짓기를 한다. 급히 카메라를 가져왔다. 끝났다.

5월 14일

원앙 5일째. 매일 온다. 자리 잡았나? 암컷 한 마리에 수컷 네 마리.

5월 15일

논갈이가 시작됐다. 원앙이 있는 곳 바로 옆 논이다. 겁 많은 원앙은 트랙터가 가까이 오자 놀라 달아난다. 트랙터가 논두렁을 넘을 수 없다는 것을 모르나? 수백 년 동안 농부 꽁무니를 쫓아다니던 논의 터줏대감 백로류는 노련하게 트랙터 뒤를 쫓는다. 논갈이 소문 듣고 온 동네 백로, 황로, 왜가리가 모여든다. 황로가 가장 적극적으로 쫓아다니고, 백로는 약간 떨어져 있고, 점잔 빼는 왜가리는 진작 날아왔으면서 곁눈질만 하고 있다.

농부가 원앙이 있던 논에 모판을 갖다 놓았다. 날아갔던 원앙은 아직 돌아오지 않았다. 이제 곧 호수는 논이 될 것이다. 원앙은 논으로도 날아오려나.

5월 16일

까치 두 마리가 대왕참나무 가지에 엉덩이를 붙이고 나란히 앉아 있다. 흔할 것 같지만, 흔치 않은 광경이다. 혹시 같은 둥지에서 방금 나온 청소년인가?

5월 17일

비 오는 날. 창밖에 작은 물새 두 마리가 나타났다. 백로류와 오리류 이외의 물새가 창밖 논에 오는 것은 아주 드문 일이다. 들뜬 마음으로 카메라를 집어 들고 논과 가까운 아파트 담장으로 갔다. 행여 물새가 놀랄까 담장 사이에 몸을 숨기고 사진을 찍었다. 처음 온 새가 맞다.

물떼새일까? 도요새일까? 물떼새와 도요새는 모두 도요목으로 크기와 생김새, 사는 지역이 비슷하다. 사진을 본 새 선생님이 알락도요라 알려줬다. 알락도요는 유라시아대륙 북부에서 번식을 하고, 아프리카, 동남아시아, 오스트레일리아의 아열대 및 열대 지역에서 겨울을 나는 새다. 두 지역을 오갈 때 우리나라를 거쳐 가는 나그네새다.

5월 18일

세상에. 꼬마물떼새다. 이게 무슨 일이래.

5월 20일

날개를 둥글게 말고, 한 바퀴 돌면서 하강 후 착륙. 흰뺨검둥오리들이 놀러 왔다. 뺨은 하얘도 발은 붉다.

5월 22일

요 며칠, 물 댄 논에 날아온 멧비둘기에게 매일 속았다. 멀리서 봤을 때 그 몸짓이 영락없는 물새여서 서둘러 사진을 찍어 확대해보면 멧비둘기였던 것. 물 마시러 온 건가 싶었는데, 오늘 유심히 보니 그게 아닌 것 같다. 몇 시간씩 머물러 있고, 하는 짓이 분명 뭔가를 잡아먹는 것 같았다. 다시 사진을 여러 장 찍어 확대해 보았는데, 논바닥에서 뭔가를 잡아먹는 게 보였다. 명색이 '멧'비둘기인데, 논 있는 동네에 살다 보니 논에서 사냥하는 법을 체득했나? 대단한 놈들이라 생각했다. 궁금해서 논에서 먹이활동을 하는 멧비둘기가 있는지 찾아봤더니 2013년에 우렁이를 잡아먹는 멧비둘기 사진이 찍혔다는 기사가 있었다. 기사가 날 정도면 흔치 않은 일인가 싶었는데, 야생동물구조센터에서 일하시는 분이 멧비둘기가 우렁이를 잘 먹는다고 알려주셨다. 구조센터에 온 멧비둘기 소낭에 종종 우렁이 껍질이 보인다고. 도감에 한 줄 추가해야 할 듯.

5월 23일

모 심는 날. 논 갈 때는 그렇게 쫓아다니더니, 모심을 때는 코빼기도 안 보이네. 무심한 녀석들.

5월 30일

논둑에 흰뺨검둥오리들이 줄지어 서 있다. 오리농법 자원봉사자 대기하는 줄.

벼가 자라면서 여름의 논은 푸르러진다. 이제 시간의 흐름은 느려지고, 어제와 같은 오늘이 반복된다. 습지의 논은 백로와 황로, 왜가리 등 백로과(왜가리과) 새들의 차지다. 백로류는 우리나라에 정착한 녀석들도 있지만, 여름철새의 이름으로 날아오는 녀석들도 많다. 그래서 여름의 논은 백로류가 채운다. 겨울의 기러기가 떠나간 빈 자리, 백로가 있어서 다행이다.

우리 동네 여름철새는 백로들이지만, 사실 여름철새의 백미는 산새들이다. 물총새, 호반새, 파랑새, 흰눈썹황금새, 호랑지빠귀 같은 산새들은 남쪽의 무더운 여름을 피해 시원한 우리나라에서 여름을 난다. 하지만 숨을 곳이 별로 없는 탁 트인 우리집 창밖에는 백로들만 다닐 뿐 파랑새나 휘파람새는 볼 수 없다. 눈에 확 띄는 꾀꼬리가 이동하는 시기인 5월에 어쩌다 운 좋게 휙 지나가는 것을 봤을 뿐이다.

알락도요와 같은 나그네새도 우리나라를 찾는다. '나그네새'라는 이름만 들어서는 잠깐 스치듯 지나가 잘 보이지 않을 것 같지만, 생각보다 많은 나그네새가 우리나라에 들러 한숨 돌리고 다시 먼 길을 떠난다. 알락꼬리마도요, 청다리도요를 비롯한 각종 도요들이 갯벌을 비롯한 습지에 머물다가며, 유리딱새, 노랑딱새, 울새, 힝둥새 등은 숲속에서 배를 채운다. 그렇게 잠시 지나는 길에 창밖에 왕림해 준 알락도요가 고맙고 반갑다.

백로들이 차지한 논에서는 텃새들이 도리어 객식구가 된다. 참새나 까치, 비둘기는 물이 빠진 논을 더 좋아하는 것 같다. 가끔 멧비둘기가 우렁이를 먹어 깜짝 놀라게 하지만, 비둘기들은 물이 찬 논에 앉기보다는 그 위를 날아다니는 걸 더 즐긴다. 탁 트인 들판을 날아다니는 우리 동네 비둘기 무리는 건물 틈새를 비집으며 날아다니는 도심 속 비둘기와는 날아다니는 품새가 다르다. 녀석들의 비행을 보고 있으면 절로 신이 난다. 집비둘기는 떼로 다니며 곡예를 부린다. 녀석들은 그냥 재미로 나는 것 같다. 온갖 재주를 부리고 날다가 전깃줄 위에 떼지어 앉는다. 멧비둘기는 보통 한두 마리가 아주 빠르게 직선으로 날아간다. 목표를 두고 돌진하는 것 같다.

제비는 논 위의 탁 트인 공간과 우리집 바로 앞을 오가며 날아다닌다. 빠른 속도로 건물에 부딪힐 정도로 가깝게 날아다닌다. 역시 선수는 선수다.

그 사이 참새와 까치는 열심히 새끼를 키운다. 우리집 바로 윗집 에어컨 실외기 자리를 집터로 정한 참새 한 쌍은 4월부터 열심히 지푸라기를 물어 나른다. 매일 수직낙하하며 내 창에 그림자를 남기고, 윗집으로 올라가기 전에 잠깐 서재 앞 난간에 앉았다 가기도 해 안 보려야 안 볼 수가 없는 녀석들이다. 참새는 떼지어 다니는 모습이 익숙한데, 새끼를 키울 때는 부부끼리 단독 생활을 한단다. 502호 참새 부부를 보니 그런 것 같다. 한번 집을 짓더니 3년째 매년 502호 에어컨 실외기 옆에서

논에 물이 차고 벼가 익는 사이,
창밖을 찾아오는 새들

번식을 한다. 그 녀석이 작년에 왔던 녀석인지, 그 녀석의 새끼인지, 명당이라고 소문 듣고 온 다른 녀석인지는 알 수 없다.

길을 따라 심은 대왕참나무에는 까치집이 하나 있었다. 2년 전 온 동네 아파트 나무를 강전정할 때 창밖 대왕참나무도 기둥만 남고 잘렸다. 도저히 까치집을 지을 수 없는 모양새였지만, 2년이 지나 가지가 좀 자라자 까치가 집을 지었다. 빈약한 나무를 집터로 삼은 것이 좀 안쓰럽기는 하지만, 뭐 전봇대 위에다가도 집을 짓는 녀석이니 잘 키우리라 믿는다. 다 자란 청소년 까치들은 대왕참나무 가지 사이를 깡총깡총 뛰며 돌아다닌다. 뛸까? 말까? 날까? 말까? 응원해주던 어른들은 안 보이고, 형제들만 갈팡질팡이다. 한 녀석이 날았다. 또 한 녀석이 따라나섰다. 아주 짧게, 잠깐.

2016년에 처음 본 황조롱이는 이제 터줏대감이 됐다. 여름에만 보였는데, 이제는 겨울에도 보인다. 일 년 내내 우리집 창밖을 지켜주고 있다. 세어보지는 않았지만, 개체수도 늘어난 것 같다.

가끔 털두꺼비하늘소가 방충망에 붙는다. 나무를 사랑하는 사람들에게 하늘소는 해충이다. 장수하늘소 정도는 되어야 해충 딱지를 뗀다. 그래도 도시에서도 잘 사는 털두꺼비하늘소가 있어서 덕분에 창밖에 하늘소 구경도 한다. 톱다리개미허리노린재와 알락수염노린재도 방충망에 자주 붙는 녀석들이다.

쌀알을 닮은 작은 벼꽃이 피어 있는 논 위를 바람이 지나간다. 바람의 흐름에 따라 논이 크게 일렁인다. 바람은 이삭을 익힌다. 그렇게 바람을 따라 벼가 몇 차례 일렁이고 나면, 논은 황금들녘이 된다. 벼가 익어가는 9월 말이 되면 기러기가 날아온다.

나에게 가을은 기러기와 함께 온다. 혹시나 더울까, 여름의 관성을 버리지 못해 반팔 옷을 입고 다니다가, 하늘에서 기러기 소리가 들리면 퍼뜩 정신이 든다. 따뜻한 곳을 찾아 남쪽으로 날아온 기러기를 보고 추워질 일이 생각나는 것도 재미있다. 각자의 세상을 산다.

선발대가 도착하면 뒤이어 기러기들의 행렬이 이어진다. 기러기가 도착한 다음 날부터 녀석들이 떼를 지어 날아다니는 일출 무렵이면 멍하니 창밖을 바라본다. 하늘을 채운 기러기 무리의 배경에는 가까운 동네 풍경과 멀찌감치 떨어진 북한산과 김포와 일산의 고층아파트가 있다. 녀석들은 붉게 물든 아침놀을 바라보며 날아간다. 시월이 되면 날이 많이 짧아져서 꼭두새벽에 일어나지 않아도 아침놀과 일출을 볼 수 있다. 기러기가 일출 풍경에 획을 하나 긋는다.

시월 중순, 추수가 시작된다. 모든 계절이 계절과 계절 사이에 있지만, 왠지 가을은 더 그렇게 느껴진다. 가을의 열매는 여름의 태양을 담아낸 것이고, 가을의 단풍과 낙엽은 겨울을 견디기 위함이기 때문이리라. 여름의 결과이자 겨울의 준비. 그래서 가을은 더 쓸쓸하고 짧게 느껴지나 보다.

논의 가을도 금방 지나간다. 논 하면 떠오르는 풍경인 '황금들녘'은 논의 가을 풍경이다. 그 풍경은 채 한 달을 지속하지 못한다. 콤바인이 지나고 난 자리는 영락없는 겨울이다. 그렇게 풍경이 바뀌고 나면 한 해가 다 끝난 것 같다. 흙이 드러난 자리에 이제 기러기가 내려앉는다.

해가 지평선에 가까운 때는 기러기가 가장 분주할 때다. 아침 시간에는 서재 창가에서, 저녁 시간에는 길을 걷다가 머리 위에서 녀석들을 만난다. 우리 동네는 기러기가 내려앉는 곳이라 겨울 내내 기러기를 만날 수 있지만, 그렇지 않은 곳에서도 기러기를 볼 수 있는 시기가 바로 9월 말~10월 중순이다. 기러기의 이동 시기인 이때, 거의 모든 곳에서 하늘을 나는 기러기를 볼 수 있다. 길을 걷다가 하늘에서 끼룩끼룩 소리가 들린다면, 고개를 한번 들어보시길.

12월 중순, 이제 기러기가 앉아 있는 풍경도 익숙해졌을 무렵, 한 남자가 논길을 걷는다. 겁 많은 기러기들이 잔뜩 긴장했다. 남자가 한 발 한 발 움직일 때마다 기러기가 움찔움찔한다. 남자는 딱히 기러기에 관심이 없어 보였다. 하지만 한 무리의 기러기가 두려움을 이기지 못하고 날아올랐다. 한 마리가 먼저 움직이자 그 뒤를 두 마리가, 그 뒤를 세 마리가, 그렇게 수십 마리의 기러기가 편대를 이뤄 서쪽으로 날아갔다. 남자는 계속 걸었다. 또 한 무리가 견디지 못하고 북쪽 하늘로 날아올랐다.

용감한 건지, 남자가 그냥 지나갈 걸 알았는지, 한 무리의 기러기는 그대로 남았다. 그렇게 하나의 무리처럼 같은 논에 모여 있던 기러기떼는 세 무리로 나뉘었다. 그때 남아 있는 무리에서 한 마리의 기러기가 고개를 들었다. 정신없이 땅에 부리를 박고 낟알을 주워 먹던 녀석은 주위를 두리번거리더니 뒤를 돌아봤다. 그리고 부랴부랴 북쪽 하늘로 날아갔다. 섞여 있었지만, 제 무리가 따로 있었다.

겁 많은 기러기들은 자기들보다 덩치도 작고 무리도 작은 비둘기떼가 논으로 내려앉자 화들짝 놀라 한꺼번에 날아올랐다. 덕분에 멋진 사진 한 장 얻었지만, 그 모양새가 우습다.

1월, 한파가 닥쳤다. 녀석들도 엄청 추운가 보다. 먹이 활동을 할 생각은 하나도 없다. 날개에 고개를 파묻고 꼼짝도 안 한다. 요즘 같아서는 그냥 시베리아에 있을 걸 괜히 왔나 싶겠다.

추위는 가고, 함박눈이 내린다. 논에 눈이 쌓이면 먹이를 어떻게 먹을까 걱정이다. 하지만 한창 추울 때처럼 아무것도 못 하고 있지는 않다. 눈이 쌓이기 전에 배를 채울 셈인지 먹이 활동이 부지런하다. 눈 쌓일 것은 걱정이지만, 눈 내리는 논에 내려앉은 기러기는 아름답다.

기러기는 밤에도 날아다닌다. 특히나 2월 말경부터 밤에 들리는 기러기 소리가 더 잦고, 더 크다. 녀석들은 앉아 있을 때보다 날아갈 때 훨씬 많이 운다. 2월의 밤 기러기 소리는 목에 잔뜩 힘이 들어간 것처럼,

왠지 그렇게 들린다. 멀리 떠나는 소리. 서로를 독려하는 소리. 이제 이별이 다가온다.

3월 중순, 어느새 기러기가 보이지 않는다. 이제 아침놀의 북한산을 채우던 기러기떼의 모습은 사라진다. 외롭다. 다행히 부지런한 백로들이 드문드문 먼 하늘로 날아간다. 그들의 정확한 출발지와 목적지는 알 수 없지만, 매일 아침 대장들녘 쪽에서 한강 하구 쪽으로 날아간다. 아직 창밖에 내려앉지는 않는다.

4월의 논은 1년 중 가장 쓸쓸하다. 겨울 손님은 떠나갔고, 여름 손님은 아직 오지 않았다. 농부가 흘려놓은 낟알도 얼마 남지 않아 논을 찾는 이가 거의 없다. 메마른 논에 까치가 가끔 들르고, 길고양이가 어슬렁거릴 뿐이다. 쓸쓸함이 절정에 다다를 때, 달은 5월로 넘어가고, 논에 물이 채워진다. 메말랐던 갈색의 흙밭은 습지가 된다. 습지인 논은 많은 생태적 틈새를 만들어내 다양한 동식물을 끌어모은다. 논에 생명의 바람이 분다. 논에 물이 채워지고, 논은 찰나 호수가 된다. 그리고 논에 물이 채워지자마자 기가막히게, 청개구리가 운다.

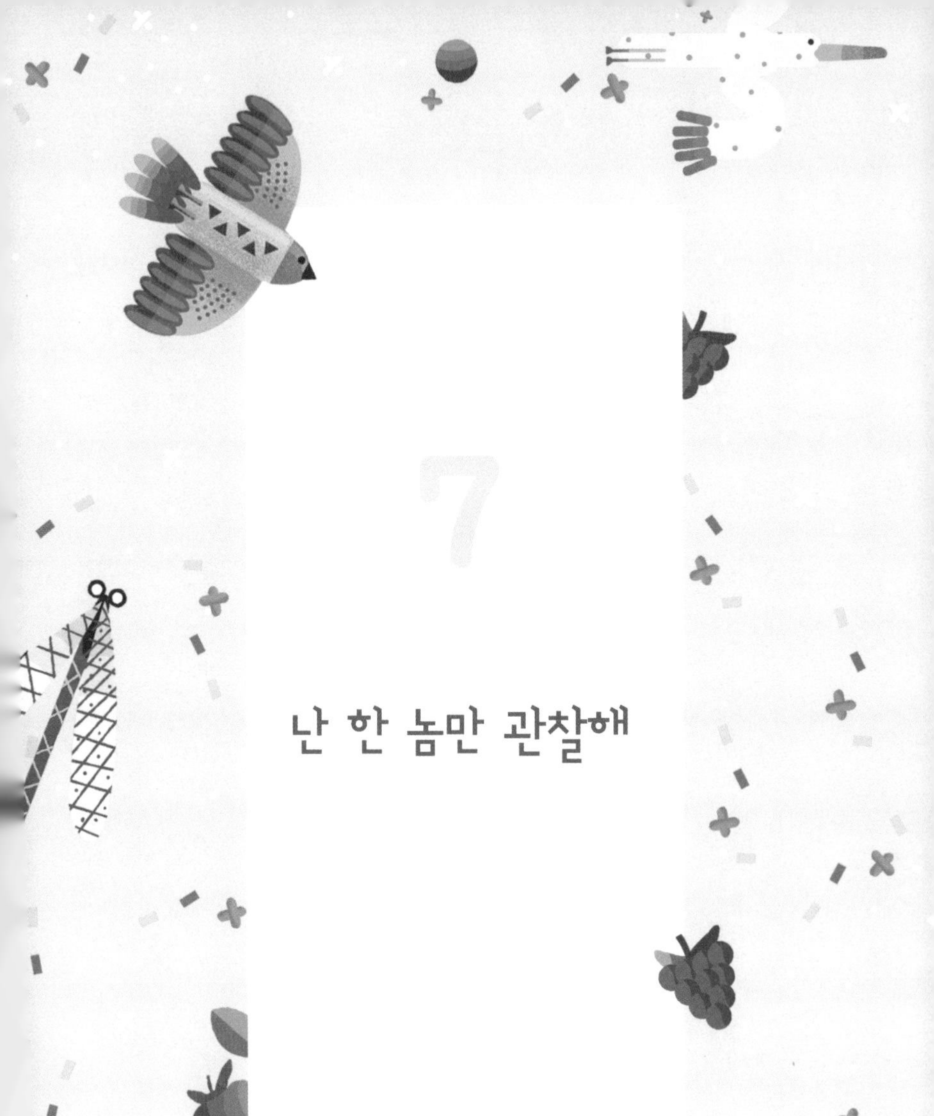

7

난 한 놈만 관찰해

이웃이 된 나무

대학 시절, 수목학 수업 시간에 난생처음 수목도감을 훑어보다가 보라빛이 도는 솔방울 사진에 빠져들었다. 이렇게 예쁜 솔방울이 있다니. 한 번도 본 적이 없는, 상상도 해보지 못한 모습의 솔방울이었다. 이렇게나 낯선 식물은 보통 외국에서 온 것들이 많은데, 이 나무가 자생하는 곳은 전 세계에서 우리나라뿐이라고 했다.

소나무과 전나무속의 구상나무.

우리나라에서도 한라산, 지리산, 덕유산에서만, 그중에서도 높은 곳에서만 산다. 언젠가 한라산 정상부에 올라 보랏빛 솔방울을 달고 있는 구상나무를 보리라 다짐했다.

한반도가 추웠던 시절에는 산 아래에서도 살았던 구상나무는 빙하가 물러가고 기온이 높아지면서 더위를 피해 산 위로 올라갔다. 더 이상 오를 수 없는 높은 산꼭대기에 다다른 구상나무는 그곳에서 비바람과 눈보라를 맞으며 살아간다. 심한 바람이 부는 산 정상부에 사는 나무들은 높이 자라지 못한다. 바람에 굴복한 것인지, 자연에 순응한 것인지, 나무들은 높이 자라는 대신 낮게 옆으로 누우며 자란다. 아예 산 아래 나무에서 종분화를 해 눈향나무나 눈잣나무, 눈측백처럼 '눈(누웠다는 뜻)'이 접두사로 붙은 나무도 있다. 구상나무가 몸을 낮춘 채 살고 있는 한라산 정상부에도 바람이 많이 분다.

아무튼 나는 신비한 보랏빛 솔방울을 달고, 바람에 몸을 누이며 살고 있는 한라산 구상나무를 꼭 한번 보고 싶었다. 하지만 그곳까지 발걸음이 잘 닿지 않았다. 매년 제주를 찾았지만, 어린 아이와 함께여서 구상나무 군락까지 갈 수가 없었다. 그 사이 가장 넓은 면적의 구상나무 군락이었던 성판악 코스의 구상나무는 기후변화의 영향으로 집단 고사했다. 그나마 영실 코스의 구상나무가 남아 있다.

4년 전 겨울, 직장생활 10년 만의 안식월이 끝나가는 걸 아쉬워 한 친구 덕에 마침내 구상나무 군락지에 갈 수 있었다. 비록 겨울이어서 내가 그토록 보고 싶었던 보라색 솔방울은 보지 못했지만, 눈에 온몸을 내준 구상나무는 장관이었다. 언제 또 갈 수 있을까? 내 기억 속 한라산 구상나무는 앞으로도 한동안 흰 눈에 덮인 채 서 있을 것이다.

우리 동네 나무는 이와는 다르다. 우리 동네 나무는 단 하나의 장면으로, 하나의 사진으로 남아 있지 않다. 그들은 나와 같은 공간을 살아가며 함께 시간을 보내고, 같은 공기로 숨을 쉬고, 같은 계절과 시간을 보내는, 동료다.

벚나무 아래 계절이 쌓인다

동네 자연관찰의 백미는 변화를 관찰할 수 있다는 것이다. 아무리 멋진 경관이 있고, 생태적 다양성이 풍부한 장소일지라도, 그곳이 나의 일상에서 떨어진 공간이라면 큰맘 먹고 시간을 내 방문해서 관찰한, 딱 그 시점의 모습만을 볼 수 있고, 기껏해야 순간의 모습을 통해 그들의 생활을 유추할 수 있을 뿐이다.

내가 살고 있는 생활공간에서 자연을 관찰하면, 멋진 독수리의 순간은 보지 못해도 친근한 까치의 사계절과 일상을 볼 수 있다. 어느 한 시점에, 특정한 장소를 방문해서는 절대로 느낄 수 없는, 우리와 함께 살아가는 생명들의 하루하루의 모습, 계절에 맞춰 일상을 바꿔가는 모습, 그렇게 한 해 한 해의 변화가 쌓여가는 모습까지. 각각의 개체와 그들이 모여 살아가는 작은 생태계의 변화도 볼 수 있다. 이것이 동네 자연관찰의 가장 큰 매력이다.

내가 우리집 창밖의 모습을 관찰하고, 계절의 변화에 맞춰 논을 찾아오는 녀석들의 변화를 기록할 수 있었던 것도, 그들의 작은 몸짓까지

벚나무의 사계

볼 수 있었던 것도, 그곳이 멀고 복잡한 생태계의 보고여서가 아니라 가깝고 소박한 우리집 창밖이었기에 가능했던 일이다. 우리 동네에는 나와 함께 살아가는 많은 생명들이 있고, 그중에는 흔하디흔한 벚나무도 있다. 벚나무 '한 녀석'을 1년 동안 관찰한다.

많은 사람들에게 벚나무는 4월의 개화 장면으로 남아 있다. 그 모습이 너무도 강렬하기 때문이기도 하고, 활짝 핀 벚꽃을 보러 먼 길을 떠나기 때문이기도 하다. 요즘에는 동네마다 벚나무가 있지만, 그들에게 마음을 주지 않으면, 가까운 벚나무일지라도 하나의 장면으로 남는다.

다행히 나는 동네를 어슬렁거리며 관찰하는 취미 덕택에 벚나무 역시도 나와 함께 '살아가는' 존재임을 눈치 챘다. 3월 말, 매화의 위세가 사그라질 즈음 벚나무는 길쭉한 꽃눈을 부풀리는 것으로 개화 준비를 한다. 삼지창 모양의 길쭉한 벚나무의 꽃눈은, 밝은 초록을 담고 동그랗게 부풀어 오르는 매화나 둥근 갈색 껍질 안에 꾹꾹 눌러 담은 노란 꽃을 살짝 보여주며 부풀어 오르는 산수유의 꽃눈에 비해 볼품없다. 마치 혼자 뒷골목을 서성이다 불량배를 만나 한 대 세게 얻어맞아 금방이라도 터질 듯 팅팅 부은 입술 같다. 하지만 꽃이 피는 순간 반전이 일어난다. 간밤에 한차례 비가 쏟아진 4월 초의 어느 날 아침, 벚나무는 전날과는 완전히 다른 모습으로 바뀐다. 벚꽃이 피면, 그동안 회양목의 볼품없는 작은 꽃에 목매던 꿀벌이 벌떼처럼(아, 벌떼 맞지) 모여든다. 지난해 애써 벌집에 모아둔 꿀은 겨우내 벌집의 온도를 높이는 연료로 다 써버렸으니 노닥거릴 시간이 없다. 경험 많은 노련한 꿀벌들이 집을 나와 꿀을 찾아온다. 이제 갓 성충이 된 풋내기 꿀벌은 집안일을 맡는다.

벚꽃을 기다린 것은 꿀벌만이 아니다. 직박구리는 성질에 어울리지 않게 꽃 하나하나에 조신하게 부리를 가져다 대고 꿀을 빨아 먹는다. 참새는 꽃을 다 뜯어내며 꿀을 먹는다. 직박구리가 시끄럽게 울어대며 참새를 쫓아낸다. 성질이 어디 가진 않았다. 참새를 쫓아낸 직박구리는 자기들끼리도 싸우고, 까치하고도 싸운다. 시끄럽고, 시끄럽다. 생긴 것도 내 취향은 아니다. 하지만 날 때만은 정말 멋지다. 돌고래가 파도를 타는 것처럼, 하늘을 나는 것이 아니라 물속을 유영하는 것처럼 난다. 녀석처럼 헤엄치고 싶다. 화려한 꽃 잔치는 열흘 정도면 끝이 난다. 직박구리도, 사람들도 마음이 급하다. 바람이 세게 벚나무를 지나가면 꽃비가 내린다. 나무 아래 꽃잎이 가득하다.

꽃이 떨어질 무렵 잎이 나온다. 그렇다면 왕벚나무다. 우리가 보는 도시의 벚나무 대부분은 왕벚나무다. '왕'자가 없는 '그냥' 벚나무는 꽃과 잎이 함께 핀다. 벚나무 옆에서 커다란 잎을 달고 있는 칠엽수도 봄을 맞이한다. 마로니에 공원 탓에 마로니에로 더 잘 알려진 칠엽수는 잎자루 하나에 일곱 개의 잎을 달고 있어 붙은 이름이다. 녀석은 자기 잎 크기에 걸맞은 커다랗고 끈적끈적한 겨울눈을 벌리고 잎을 꺼낸다. 새 잎을 내는 일에 숨김이 없고 오랜 시간이 걸려 겨울눈에서 잎이 나오는 것을 관찰하기에는 칠엽수 만한 것이 없다. 이제 갓 겨울눈 껍질을 벌리고 나온 칠엽수 잎이 기진맥진한 채 축 처져 있을 때, 성질 급한 꽃대가 잎자루 사이로 쭉 올라온다. 처진 잎은 며칠에 걸쳐 기력을 회복하고 제자리를 잡는다. 행여 잎에 가려 꿀벌이 못 찾을까 봐 잎 사이로 최대한 높게 뻗어 올린 칠엽수꽃이 핀다. 벌의 식사거리가 하나 더 늘었다.

꽃잎이 떨어진 벚나무에는 아직 꽃의 흔적이 남아 있다. 잎만 떨어졌지 꽃술과 꽃자루는 끝까지 가지에 붙어 있다. 꽃잎이 모두 붙어 있는 개나리와 같은 통꽃은 꽃이 질 때 송이째 떨어지지만, 벚꽃과 같은 갈래꽃은 꽃잎 하나하나를 먼저 떠나보낸다. 끝까지 남아 있던 꽃자루도 시간이 지나며 하나둘 떨어진다. 꽃이 떨어진 자리에는 곧 열매가 맺힐 것이다. 나무 아래 꽃술이 가득하다.

어느새 벚나무가 초록이 됐다. 꽃 틈에서 싹이 막 나오나 싶더니만 순식간에 많은 잎을 피워낸다. 하긴 벚나무도 공장을 돌려야 먹고 사니 후다닥 잎을 피워야겠지. 태양의 에너지는 벚나무 잎의 광합성 공장을 거쳐 나무의 에너지가 된다. 나무를 자라게 하고, 버찌를 키우고 익힌다.

버찌가 한창 커져가는 5월이면 또 다른 장미인 붉은 장미와 하얀 찔레가 꽃을 피운다. '또 다른 장미'라 한 이유는 4월에 꽃을 피운 벚나무 역시 '장미과' 식물이기 때문이다. 장미와 찔레 역시 장미과의 식물인데,

이들은 둘 다 '장미속'으로 아주 가까운 사이다. 사실 우리가 장미라 부르는 것은 수천 년의 개량 과정을 거친 녀석들이어서 정확한 종명을 생각해내기 어렵다. 학술적으로는 '장미'라는 용어 자체가 '장미속에 속하는 식물의 통칭'이니, 찔레는 장미다. 장미과 벚나무속인 왕벚은 반쯤 장미라고 해야 할까?

6월 중순을 넘어서면 버찌가 익는다. 봄이 되자마자 애써 흰꽃을 피워내 얻은 새끼다. 한 나무에서 열린 버찌지만 모두가 같은 속도로 익는 것은 아니다. 붉은빛을 지나 거의 검은색을 띠는 버찌가 있는 반면, 여전히 녹색으로 남아 있는 버찌도 있다. 동박새 한 마리가 날아와 잘 익은 버찌를 잘도 골라 먹는다. 시간이 지나면 버찌는 모두 익고, 먹히거나 떨어진다. 나무 아래 보도블록이 봉숭아물을 진하게 들인 것처럼 검붉다.

신록의 잎이 구록이 된 지 오래고 버찌마저 떨어지면, 한여름 벚나무는 큰 변화 없이 살아가는 것 같다. 장미가 진 자리는 줄기 끝이 허전하고, 찔레가 진 자리에는 열매가 맺혔다. 화려한 꽃을 택한 우리 동네 장미는 열매 맺는 법을 잊었다.

벚나무 줄기를 따라 개미들이 부지런히 오간다. 벚나무 잎자루에는 꿀샘이 있다. 개미를 유혹해 자신의 잎을 먹는 곤충을 쫓으려는 벚나무의 전략이라는데, 꿀샘 주변을 서성이는 개미는 많이 봤지만 꿀샘의 꿀을 빨아먹는 장면을 확실히 보지는 못했다. 이론과 실제가 다른 건지, 개

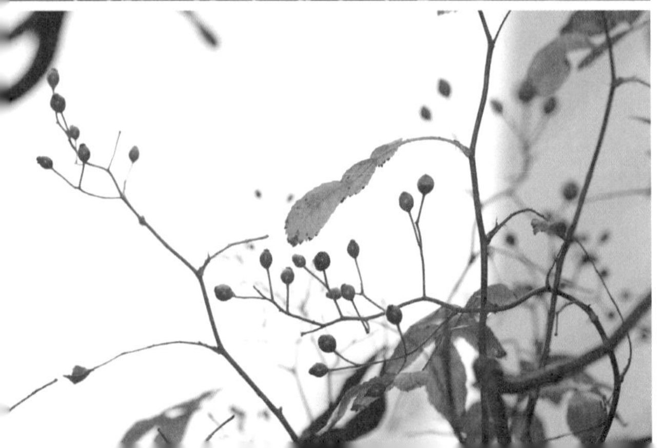

장미와 찔레

량을 거치며 꿀샘 모양만 남은 건지는 알 수 없다.

별다른 변화가 없어 보이는 여름의 벚나무에도 잎 아래를 자세히 들여다보면 작은 변화가 눈에 띈다. 겨울눈이다. 벚나무는 집에 식량을 채우는 이솝 우화 속 개미처럼, 한여름 뜨거운 태양빛을 모아 다음해 봄을 준비하고 있다. 쭉 뻗은 가지 끝의 나뭇잎이 태양빛을 살뜰히 가져가 나무 아래에 있으면 시원하다.

가을이 됐다. 벚나무 잎이 붉게 물들었다. 겨울을 보내려면 잎을 떨어뜨려야 한다. 떨어뜨릴 잎에 더 이상 광합성을 위한 엽록소를 만들 필요가 없다. 엽록소 생산을 중단하자 붉은색이 드러났다. 이웃한 튤립나무는 커다란 잎을 샛노랗게 만들었다. 엽록소 옆에서 엽록소를 도와 빛을 흡수했던 노란색 색소는 엽록소가 떠난 자리를 끝까지 지킨다. 노랗게 물든 커다란 튤립나무 단풍이 작고 붉은 벚나무의 단풍과 잘 어울린다. 이제 애써 만든 잎과 작별할 시간이다. 한여름 정말 수고가 많았다. 잎을 떨구기 전 가지와 잎 사이에 떨켜를 만들어 상처 없이 떨어뜨린다. 그 전에 잎에 있는 소중한 원소를 줄기로 회수하는 것도 잊지 않는다. 꽃잎을 떨어뜨렸던 바람은 이제 잎을 떨어뜨린다. 나무 아래 낙엽이 바스락거린다.

겨울의 낙엽수는 동면에 들어간다. 겨울을 잘 보내야 봄을 기약할 수 있다. 여름 내내 겨울눈을 열심히 만들었던 벚나무는 큰 걱정이 없다.

벚나무 수피 한쪽에 무당거미가 알을 낳아놓았다. 알집을 하얀 거미줄로 정성스레 붙여놓았다. 세대를 이어가며 겨울을 나는 무당거미의 방식이다. 가지 끝에는 까치가 분주하다. 2월 중순이니, 녀석의 건축 시기는 특별히 빠르지도 늦지도 않다. 까치 부부는 떨어진 나뭇가지를 물어오기도 하고, 멀쩡한 나뭇가지를 꺾어오기도 한다. 둘이 번갈아가며 열심이다. 가끔 실수도 한다. 애써 물어온 나뭇가지를 나무 아래로 떨어뜨린다.

까치둥지가 완성될 무렵, 매화 꽃눈이 부풀어 오른다. 벚나무는 매화의 눈치를 보는 것 같다. 흘끔 흘겨본다.

초봄까지도 마른 잎을 달고 있는 참나무들

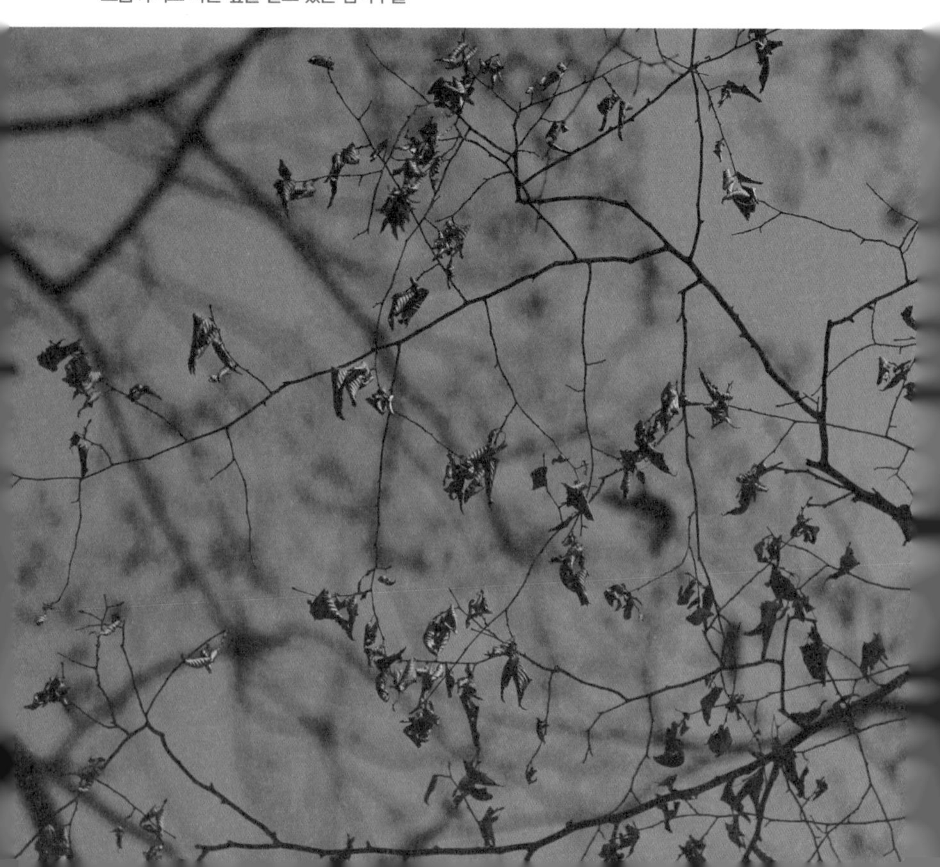

'매화는 언제 피나, 그리고 언제 지나. 네가 져야 내가 필 텐데. 그래야 사람들의 눈길을 독차지할 텐데.'

남들은 꽃 피울 걱정일 때 길 건너 대왕참나무는 이제야 지난 잎을 다 내려놓는다. 떨켜를 만들지 못하는 참나무는 메마른 갈색 잎을 이듬해 봄까지 매달고 있다가, 새 잎이 나올 때가 되어서야 낙엽을 온전히 떨어뜨려 동네에 때 아닌 가을 풍경을 만든다.

벚나무는 계산이 끝났다. 낮밤의 길이 변화와 온도 측정, 이웃한 매화의 눈치 보기를 종합해 드디어 꽃을 피운다. 벚나무의 전성기다. 나무 아래 사람들의 시선이 가득하다.

아파트 정원의 거미들

이 모든 일은 우리 아파트와 옆 아파트 사잇길에서 일어난다. 두 아파트는 같은 이름이지만 길 하나를 사이에 두고 1차, 2차로 불린다. 그 사잇길이 내가 매일 지나는 길이다. 좁은 보도는 나무 한 그루 심을 공간도 내기 어렵지만, 길 양쪽에 접한 낮은 담장 너머에는 벚나무와 튤립나무, 중국단풍이 그늘을 드리우고, 그 사이를 장미와 찔레, 철쭉과 사철나무가 채우고 있는 1, 2차 아파트의 정원이 있다. 나무의 뿌리는 아파트 안쪽에 있지만 가지와 잎은 담장을 넘나들었고, 그렇게 그 길을 지나는 나와 십 년의 세월을 함께 보냈다.

담장을 넘나드는 나무와 함께 세월을 보낸 것은 나뿐만이 아니다. 그곳은 거미들의 서식처다. 1차 담장을 따라서 거미들이 유난히 많이 살고 있다. 그리고 그들은 내 눈길을 잡는다.

한자리에 뿌리내리고 살아가는 식물이 계절을 나는 것은 관찰하기 쉽지만, 아무리 동네 관찰이라 하더라도 이리저리 옮겨 다니는 동물의 한살이 관찰은 어렵다. 거미라면 가능하다. 행여 관찰하던 거미가 새의 부리나 인간의 빗자루에 의해 운명을 달리하더라도, 그 옆에는 비슷한 한살이를 살아가는 거미가 있으니 관찰에는 큰 무리가 없다.

내가 주로 관찰하는 거미는 무당거미와 긴호랑거미, 꼬마호랑거미다. 세 종류 모두 몸집이 크고, 색이 화려하고, 거미줄 모양도 독특해 눈에 잘 띈다. 거미줄 한복판에 떡하니 자리하고 있어 관찰하기에 좋다. 한자리에 오래 있는 거미를 정주성 거미라고 한다. 모든 거미가 정주성 거미는 아니다. 깡충거미와 늑대거미는 무지하게 돌아다닌다. 배회성 거미다. 아무래도 관찰하기에는 무당거미, 긴호랑거미, 꼬마호랑거미가 낫다. 무엇보다도 세 녀석 모두 보기에 멋져 관찰할 맛이 난다.

셋은 한살이도 비슷하다. 5월에 알에서 깨어난 후 새끼 시절을 거쳐 한여름 이후로 동네 곳곳에 존재감을 드러내다가 가을에 짝짓기를 하고 알을 낳고 죽는다. 알의 형태로 겨울을 난 녀석들은 5월에 깨어나 세대를 잇는다. 대개가 그렇게 산다.

셋 중 우리 동네에서 가장 흔한 거미는 무당거미다. 한여름 이후에는 언제든지 1차 담장 옆에서 볼 수가 있다. 무당거미는 사람 눈높이에 거미줄을 잘 짓는다. 긴호랑거미는 풀숲 낮은 곳에 주로 거미줄을 친다. 긴호랑거미를 만나려면 허리를 숙여야 한다. 꼬마호랑거미를 본 날은 운이 좋은 날이다.

어느 해 5월, 무당거미들이 잔뜩 있던 1차 담장 옆에서 새끼 거미들의 대이동을 목격했다. 새끼 거미는 씨앗을 멀리멀리 퍼트리는 식물들처럼 여기저기로 흩어져 자신들의 영역을 확보한다.

거미의 분산.

어떤 거미들은 날아서 흩어진다. 베를린 대학 연구팀이 거미의 비행 실험을 한 영상을 본 적이 있다. 버섯 모양의 실험도구 위에 바람이 나오는 장치를 설치하고 그 옆에 거미를 놓는다. 거미는 앞다리를 들고 바람을 살핀다. 바람이 차갑거나 너무 세게 불면 날지 않고 기다린다. 따뜻하고 적당한 속도의 바람으로 바뀌는 순간 바람이 부는 쪽으로 엉덩이를 대고 거미줄을 길게 내뿜는다. 긴 거미줄이 바람을 타면, 거미줄은 하늘을 나는 배의 돛이 되어 거미를 이동시킨다. 그렇게 수백 킬로미터까지도 날아간다고 한다.

'한 번에? 에이 설마.'

아무튼, 내가 읽은 거미 책에 의하면 무당거미 새끼도 날아서 분산을 한다. 높은 나뭇가지나 건물 위로 올라 거미줄을 바람에 실려 하늘을 난다. 안타깝게도 나는 하늘을 나는 거미를 본 적은 없다. 그날 본 백여 마리의 새끼 거미들도 철쭉 잎 아래에 뭉텅이로 모여 있다가 흩어졌지만 날아가지는 않았다. 녀석들은 일단 옆 철쭉으로 건너가기로 작정한 것 같았다. 두 철쭉은 기다란 거미줄로 연결되어 있다. 녀석들은 차례차례 거미줄을 타고 옆 철쭉으로 이동한다. 엄청 조그만 새끼들이라 고개를 가까이 들이밀어야 볼 수 있다. 그렇게 보니 미시의 세계로 들어온 느낌이다. 두 개의 철쭉을 연결한 거미줄은 높은 절벽을 연결한 한 줄 로프 같다. 그 위를 열심히도 간다. 그 작은 다리로.

그런데 거미줄 끝에 난데없이 개미가 떡하니 버티고 있다. 개미는 자기 몸집의 3분의 1도 안 되는 작은 새끼 거미를 막아선다. 거미가 가까이 올 때까지 기다렸다가 앞발을 들어 내리친다.

'오른발잡인가?'

새끼 거미는 줄타기를 하다가 헛발을 짚은 가여운 광대처럼 거미줄 아래, 까마득한 1미터 아래 땅으로 떨어진다. 앞서가던 거미가 추락하는

광경에도 녀석들의 행진은 위축되지 않는다. 계속해서 길을 건넌다. 개미가 다시 앞발은 든다. 오른발잡이다. 한 대 후려치니 거미가 구만리 낭떠러지 아래로 떨어진다. 또 새끼 거미가 온다. 개미가 앞발을 든다. 두 마리가 한꺼번에 떨어졌다. 일타이피. 또 온다. 두 마리를 한 번에 해치운 개미가 세리머니에 도취한 바람에 이번 녀석에게 펀치를 가할 타이밍을 놓쳤다. 대신 거미를 움켜쥐었다. 이 틈을 타 또 다른 거미 한 마리가 이동을 시도한다. 하지만 개미와 눈이 마주쳤다. 개미가 앞발을 든다.

'어? 왼발이다. 양발잡인가?'

개미의 앞발에 한 방 맞은 거미가 떨어진다. 이때 잡혔던 거미가 탈출했다. 펀치를 휘두르는 바람에 꽉 잡고 있던 발에 힘이 풀렸나 보다. 최초의 성공이 눈앞이다!

'아… 후방 수비수가 있었다.'

철쭉 잎을 코앞에 두고 거미는 땅으로 떨어졌다. 내가 지켜본 30분 동안 단 한 마리의 거미도 이동에 성공하지 못했다.

그런데 개미는 왜! 자기가 먹지도 않을 거면서 애써 거미를 떨어뜨

새끼 거미들, 화이팅!

린 걸까? 힘의 과시인가? 개미 세계의 오래된 장난인가?

의문은 쉽게 풀렸다.

개미의 뒤쪽, 거미가 옮겨가려던 그 철쭉에는 검은 진디가 다닥다닥 붙어 있었다. 진디 사이사이에는 개미들이 끼어서 단물을 핥아먹고 있었다. 개미와 진디의 공생. 지금껏 개미가 진디의 단물을 핥아먹는 장면은 많이 보았지만, 개미가 적극적으로 진디를 지켜주는 광경은 처음 보았다. 과학책에 나오는 개미와 진디의 공생관계를 이렇게 생생하게 보게 될 줄은 몰랐다.

한편으로는 거미가 한심했다. 아무리 새끼라지만 명색이 거미인데, 개미 펀치 한 방에 여지없이 떨어지는 꼴이라니. 게다가 싸움터는 거미줄 위가 아니었던가! 30분 동안 한 마리도 성공을 못 했으면 전략이라도 바꿔야지. 미련하기 짝이 없…. 여기까지 생각이 미쳤을 때 갑자기 소름이 돋았다. 혹시… 거미가 일부러 개미한테 맞은 건가? 개미 앞발을 이용한 분산? 1미터 낭떠러지에 그 작디작은 새끼 거미가 떨어진들 상처 하나 나지 않을 테니. 혼자 뛰어내리는 것보다는 개미의 앞발을 이용해 추진력을 얻어 조금 더 흩어지려는 전략? 에이 설마.

2017년 가을, 서울 서대문자연사박물관에서 강연을 한 적이 있었는데, 이때 나는 위 광경을 찍은 사진을 보여줬다. 신나게 강연을 마친 후 질의응답 시간에 한 청중이 "그 사진을 찍는 데 시간이 얼마나 걸렸습니까?"라고 질문을 했다. 나는 자랑스럽게 "딱! 30분 걸렸습니다!"라고 답했다. 대답의 끝에는 '이런 멋진 장면을 관찰하는 데 그리 많은 시간이 필요하지 않아요', '여러분의 집 앞에서도 충분히 가능한 일입니다', '이 정도의 관찰은 일상에서 쉽게 할 수 있습니다. 동네를 오가는 길, 딱 30분이면 가능하죠. 참 쉽죠잉! 모두 함께해 보아요!'라는 말이 준비되어 있었다. 하지만 나보다 질문했던 청중이 더 빨랐다.

"며칠 전에 들은 강연에서 새 사진 보여주신 분은 그 사진 찍는 데 50일이 걸렸다던데, 참 쉽게도 찍으셨네요."

아니… 그게… 참….

새끼 거미는 어떤 거미였을까? 무당거미의 집단 거주지역이니 처음에는 무당거미일거라 생각했지만, 녀석들은 하늘을 날지 않았다. 게다가 거미 도감에서 새끼 거미의 모습을 찾기도 힘들었다. 어떤 책에서 무당거미 새끼 사진을 발견하긴 했는데, 어찌 보면 비슷하고, 어찌 보면 달랐다. 녀석들의 정체는 지금까지도 미스터리다.

무당거미, 긴호랑거미, 꼬마호랑거미는 모두 독특한 모양의 거미줄을 친다. 우선 무당거미는 다른 거미들과 달리 3중의 거미줄을 친다. 사냥할 때 쓰는, 우리가 흔히 거미줄을 생각할 때 떠오르는 모양의 거미줄을 가운데 두고 앞뒤로 직선 여러 개를 섞은 거미줄을 배치한다.

무당거미는 왜 3중의 거미줄을 칠까? 나에게 무당거미의 유사비행을 통한 분산을 알려준 책(『실 잣는 사냥꾼 거미』, 이영보 지음, 자연과생태)에 의하면, 3중 거미줄의 용도는 천적으로부터 자신을 보호하고, 음식물 찌꺼기나 이물질의 쓰레기통으로 사용하기 위함이다. 매일 무당거미줄 앞을 지나갔던 나의 짧은 관찰에 의하면, 앞뒤의 거미줄은 사냥할 때 쓰는 본 거미줄을 보호하는 용도도 있는 것 같다. 실제로 섬잣나무 아래쪽에 거미줄을 친 무당거미의 앞뒤 거미줄에는 섬잣나무 낙엽이 빽빽이 쌓여 있었다. 그 덕분에 사냥에 쓰이는 본 거미줄은 멀쩡했다.

3중 거미줄 치는 무당거미

무당거미는 거미줄을 끔찍하게 아끼는 것도 같다. 어느 9월 중순, 커다란 튤립나무 낙엽이 무당거미의 사냥 거미줄 아래쪽에 떨어져 걸렸다. 때는 이미 가을이라 무당거미의 배는 만삭으로 부풀어 올라 있었다. 녀석은 무거운 몸을 이끌고 낙엽이 걸린 곳으로 이동했다. 배끝의 실젖에서 한 줄의 거미줄이 나와 녀석을 지탱했다. 암벽등반 할 때의 안전 로프 같았다. 거미줄에 걸린 낙엽에 도달한 녀석은 앞발을 이용해 낙엽에 붙은 거미줄을 하나하나 떼어내기 시작했다. 20여 분의 작업 끝에 낙엽은 거미줄 아래 바닥으로 떨어졌다. 작업을 마친 녀석이 다시 제자리로 돌아갔다.

낙엽 제거 작업 일주일 전에는 또 다른 신기한 장면을 목격했다. 여느 날처럼 거미줄이 있는 곳을 보며 길을 걷고 있었다. 그런데 녀석의 몸이 평소와 다르게 이상했다. 녀석은 사지, 아니 팔지를 늘어뜨린 채 거미줄에 거꾸로 매달려 있었다.

'죽었나?'

이런 광경은 처음이라 얼른 가까이 다가갔다. 녀석의 실젖에 한 줄의 거미줄이 보였다. 죽은 것은 아니었다. 매달려 있는 것이었다. 축 늘어진 녀석의 바로 위에는 커다란 탈피각이 있었다. 아, 이것은 탈피 장면이었다. 녀석은 어른이 되기 위한 마지막 탈피를 끝내고 기진맥진한 채 움직이지 못하는 것 같았다. 녀석은 정말 완전히! 축 늘어졌다. 그때 눈치 보던 수컷 무당거미 한 마리가 꼼짝 못 하고 있는 암컷에게 다가갔다.

평상시에도 무당거미의 거미줄 한복판에는 화려하고 커다란 암컷 무당거미가 자리하고 있고, 거미줄 가장자리에 작은 수컷 두세 마리가 찌그러져 있었다.

지금이 바로 찌그러져 지낸 오랜 시간이 결실을 맺는 순간이다. 거미들은 짝짓기 도중 암컷에게 잡아먹히는 경우가 많아 짝짓기에 신중을 기해야 한다. 맛있는 선물을 싸가지고 가서 암컷에게 주고 암컷이 열심히 먹고 있을 때 잽싸게 하고 오든가, 아니면 이 비겁한 녀석처럼 탈피 후 꼼짝 못 하는 시간을 기다리든가 해야 한다. 목숨이 걸린 일이니 비겁하다 쉽게 말할 수는 없겠지. 아무튼 작전은 성공이다. 정사(情事)가 일어나고 있는 거미줄에 다른 수컷은 보이지 않는다.

'그동안 경쟁자들을 다 해치운 것인가?'

오랫동안 기다렸을, 아니면 운 좋게 때를 잘 만난 수컷은 천천히 암컷을 향해 내려왔다. 그러고는 암컷의 생식기에 더듬이다리를 갖다 댔다. 수컷 거미는 자신의 생식기에서 배출한 정자를 더듬이다리에 보관하고 있다가 암컷의 생식기에 쑥 집어넣는 방식으로 짝짓기를 한다. 더듬이다리는 네 쌍의 거미 다리 이외에 머리 옆 더듬이 자리에 있는 다리처럼 생긴 기관을 말한다. 거대한 암컷의 몸에 비해 왜소하기 짝이 없고, 생식기끼리 맞대는 것도 아니어서 자세히 보지 않으면 짝짓기인지 아닌

지 잘 알 수 없다.

녀석은 성공했다. 암컷이 움직이기 전에 얼른 도망쳐야 한다. 짝짓기 자세를 취하니 수컷의 기다란 앞다리가 암컷의 머리에 닿을락 말락 한 형국이다.

'그러다 깰라.'

거사를 치르자마자 수컷이 후다닥 달아난다.

수컷의 도주 장면까지 보고 나도 자리를 떠났다. 볼일을 마치고 3시간 후 다시 현장을 찾았다. 여전히 암컷 무당거미는 거꾸로 매달린 채 축 처져 있었다. 이렇게나 오랫동안 꼼짝 못 할 줄은 몰랐다. 수컷이 후다닥 달아날 필요도 없었다. 옆에 남아 다른 수컷의 접근을 막는 편이 나았다. 하지만 조금 달라지긴 했다. 아침에는 네 쌍의 다리 모두 축 늘어져 있었는데, 지금은 가장 아래쪽, 그러니까 머리와 가까운 두 쌍의 다리만 축 처져 있고, 그 다음 다리는 옆으로, 다음 다리는 위로 곧게 뻗어 있다. 다리에 힘이 들어가고 있다. 암컷의 배 위에는 또 다른 수컷 무당거미 한 마리가 올라와 있다. 후손을 남기기 위한 치열한 경쟁. 최종 승자는 누구일까? 어떤 녀석의 후손이 태어날까?

2월, 벚나무에 붙어 있는 무당거미 알집을 봤다. 아마도 11월에 낳은 것이겠다. 녀석들이 별 탈 없이 겨울을 보내면 5월에 모두 깨어날 것이다. 그러고 나면, 바람을 타거나, 개미 앞다리를 빌려 분산을 하고, 몇 번의 탈피를 거쳐 어른이 될 것이다.

긴호랑거미와 꼬마호랑거미는 무당거미처럼 많은 개체가 우리 동네에 살고 있지는 않지만, 거미줄 위에 강렬한 인상의 흰 띠를 만들어놓아 그냥 지나치지 않게 된다. 마치 뼈의 절단면을 확대했을 때 볼 수 있는 해면골 모양의 구조가 튼튼한 골조처럼 보인다. 한눈에 보기에도 정성스럽고 비용이 많이 들어가는 거미줄 같다. 호랑거미류가 왜 흰 띠를 만드는지에 대해서는 여러 가지 의견이 있는데, 빛 반사를 통해 곤충의 눈에는 꽃의 꿀샘으로 보이게 해 사냥 성공률을 높이고, 새의 눈에는 장애물로 보이게 해 거미줄을 뚫고 지나가는 것을 막기 위함이라는 견해가 우세하다.

흥미로운 것은 호랑거미가 어릴 때와 어른이 됐을 때의 흰 띠 모양이다. 2018년 7월 초, 1, 2차 사잇길 철제 울타리 사이에 아주 어린 꼬마호랑거미가 쳐 놓은 거미줄을 발견했다. 전체 크기가 500원짜리 동전 두세 개만 할 정도로 작은 거미줄에, 꼴에 자기도 호랑거미라고 ×자 흰 띠를 만들어놓았다. 그 작은 거미줄로 사냥이나 할 수 있을까 의심스러웠지만, 그런 작은 거미줄에도 ×자 흰 띠를 만들어놓은 녀석이 기가 막혔다. 피는 못 속이나 보다. 물론 다 큰 꼬마호랑거미처럼 진하고 멋진 흰 띠는 아니었다. 아직 그 정도 실력은 안 되는 것 같았다.

발견 4일째 되던 날, 녀석은 ×자 흰 띠를 지워버리고 새롭게 /자 흰

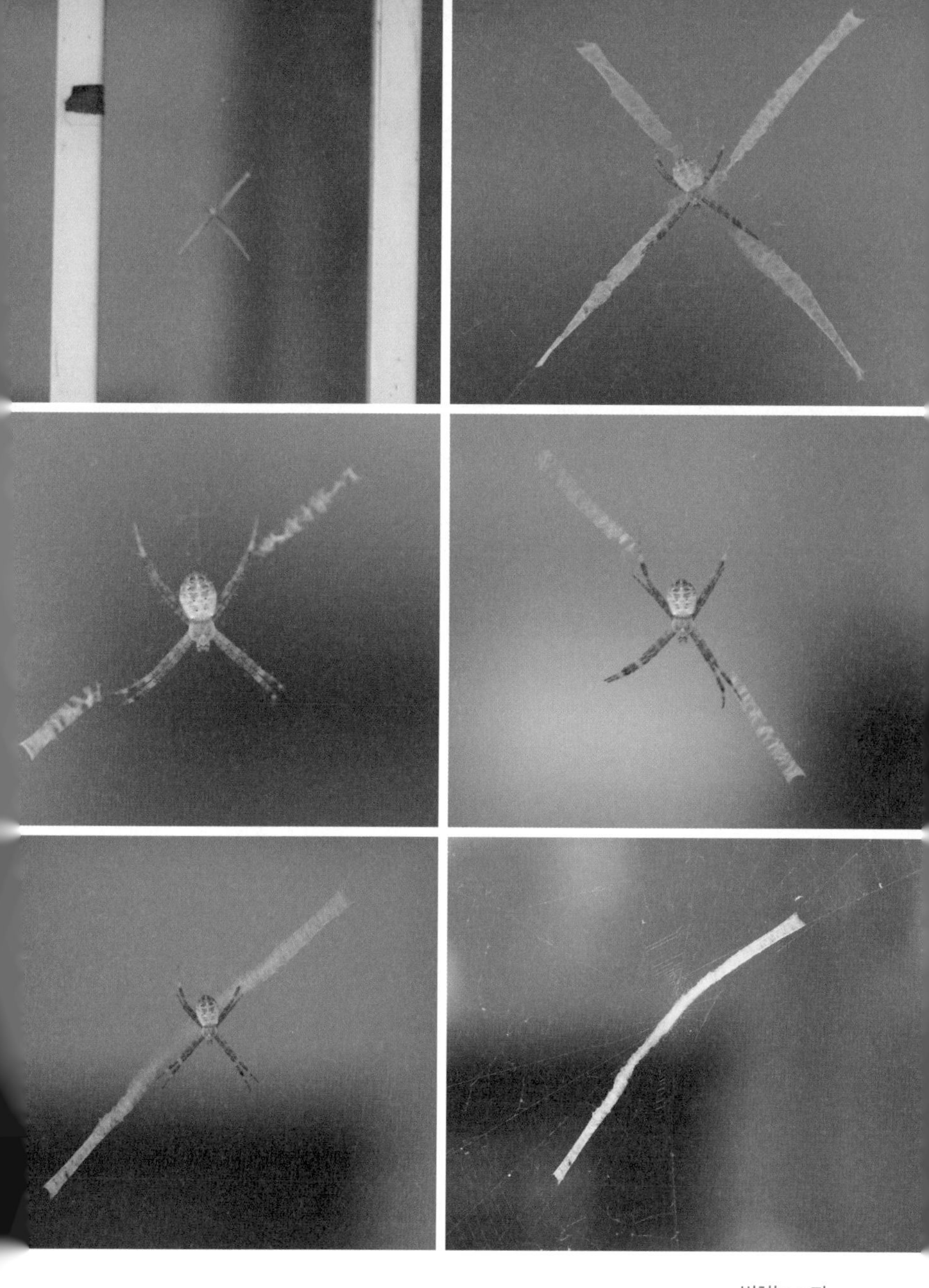

변하는 ×자

지그재그 흰 띠를 만드는 어린 긴호랑거미

띠를 만들었다. 그 전 ×자 흰 띠는 흐리멍덩한 느낌이 있었는데, 이번에는 호랑거미 흰 띠 특유의, 해면골 모양의 굵은 구조가 자리한 튼튼한 흰 띠를 만들었다. 이튿날 하루 만에 흰 띠가 또 바뀌었다. 어제 있었던 흰 띠는 사라지고 반대편, 즉 우하향의 한 줄이 만들어졌다.

'연습중인가?'

분명한 것은 흰 띠는 점점 선명해지고 있었다.

5일 후, 다시 흰 띠의 위치가 바뀌었다. 이번 흰 띠는 그 전보다 훨씬 길었다. 3일 후 녀석은 거미줄을 버리고 떠났다. 주인이 떠난 거미줄

은 금방 망가졌다. '연습을 마치고 더 넓은 세상으로 간 것일까?'

긴호랑거미도 처음부터 거미줄을 잘 치지는 못한다. 녀석들은 청소년이 될 때까지도 거미줄 치는 게 미숙하다. 긴호랑거미는 거미줄을 위아래로 관통하는 일자의 흰 띠를 만드는데, 어린 긴호랑거미는 지그재그로 엉망진창이다. 흰 띠뿐만 아니라 사냥에 쓰이는 본 거미줄도 엉성한 놈들이 많다. 본능에 의해 거미줄을 치겠지만, 태어나자마자 잘 치는 것은 아니었다. 그것도 경험이 필요하다.

여름이 깊어지면, 어떤 긴호랑거미는 여전히 미숙하고, 어떤 긴호랑거미는 멋진 일자형 흰 띠를 만들어낸다. 그 모습이 반가워 가까이 다가갔다가는 정말 깜짝 놀랄 수 있다. 위협을 느낀 녀석은 온몸을 흔들어 거미줄을 진동시킨다. 꽤나 격렬해서 처음 보면 포유류도 놀란다. 난 그

어른 긴호랑거미. 오른쪽에 작은 것이 수컷

냥 사진만 찍으려 한 건데.

다 큰 꼬마호랑거미의 ×자 또한 엄청 멋있다. 이름에 '꼬마'가 들어갔다고 해서 오해해서는 안 된다. 전혀 꼬마같지 않기 때문이다. 여덟 개의 다리를 ×자로 만들어 흰 띠와 연결시킨 모습이 매우 위협적으로 보인다. 하지만 내가 본 꼬마호랑거미는 긴호랑거미처럼 공격적이지는 않았다. 내가 가까이 다가가자 겁을 먹은 녀석은 순식간에 거미줄에서 뛰어내려 몸을 숨겼다. 그래서 꼬마인가?

다섯 평짜리 풀밭의 천이

한 장소의 식생 변화를 살펴보는 것도 흥미롭다. 살구나무테두리잎벌이 창궐하고, 상모솔새가 주목 가종피를 따먹던 곳, 다섯 평짜리 작은 화단은 내가 집을 나서면서 가장 먼저 만나는 자연이다. 꼴랑 나뭇가지 몇 개를 성의 없이 얹어놓은 것 같은 멧비둘기의 둥지가 있는 살구나무와 3월이면 겨울눈을 부풀려 나에게 봄이 왔음을 알려주는 매화나무가 살고 있는 곳이다.

지금 하려는 이야기는 주인처럼 자리한 여섯 그루의 나무 아래에 객식구처럼 드나들던 풀에 대한 이야기다. 처음 이 동네로 이사왔을 때만 해도, 좀 더 정확히 이야기하자면 화단의 풀에 관심을 갖기 시작했을 때만 해도, 풀밭에는 온통 흰젖제비꽃이었다.

제비꽃의 일종인 흰젖제비꽃은 보라색 제비꽃과 함께 4월에 하얀 꽃을 피운다. 길쭉한 하트 모양의 잎에 단아한 하얀 꽃은 작은 정원 아래를 가득 채운다. 5월이 되면 풀밭을 가득 메웠던 하얀 꽃의 향연은 끝이 난다. 드문드문 아직 미련을 버리지 못한 꽃들이 조금 피어 있을 뿐이다. 5월 중순, 아파트 정원의 풀들이 어느 정도 몸을 키워갈 때, 아파트에는 예초기가 돌아다닌다. 이때쯤 한번 깎아줘야 잡초로 가득한 지저분한 풀숲은 깔끔한 정원이 된다.

아무리 한 달 전에 예쁜 꽃을 피웠어도, 다 자라봐야 키가 15센티미터밖에 안 되는 흰젖제비꽃이라도 상관없다. 깔끔하고 예뻐도, 인간이 심지 않은 도시 속 풀은 지저분한 잡초다. 그 위로 예초기가 지나간다. 하지만 그 정도로 사라질 흰젖제비꽃이 아니다. 꽃은 예초기에 머리를 내준 지 채 한 달도 되지 않아 다시 길쭉한 하트 모양의 잎으로 정원 아래를 가득 채운다.

예초기 아래에서도 잘 자라던 흰젖제비꽃의 우점 현상에 변화의 조짐이 보이기 시작한 것은 2018년이었다. 내가 그들의 존재를 알아차린 지 3년 만이다. 풀밭을 가득 메웠던 흰젖제비꽃은 자기들 영토 절반가량을 다른 녀석들에게 내주었다. 계속 머리를 깎아대는 통에 더러워서 더 이상 못살겠었는지, 아니면 이제 다른 곳으로 떠날 때가 된 건지, 흰젖제비꽃만 있었던 다섯 평 화단에는 종지나물의 꽃도 몇 송이 보였고, 꽃마리, 꽃다지, 민들레, 냉이, 개망초도 제법 자리를 잡았다. 이제 그 풀밭은 흰젖제비꽃의 꽃밭으로 부를 수 없었다.

1년 뒤에는 흰젖제비꽃의 수가 훨씬 더 줄어들었다. 30여 개체만이 그곳에 남아 있었고, 작년에 자리를 꿰찬 녀석들의 영토는 더욱 확장되었다. 한차례 예초기가 지나간 후 여름이 오자 개망초가 키를 키워냈다. 그곳은 개망초의 풀밭이 되었다. 최소 3년 동안 지속되었던 흰젖제비꽃의 왕국은 무너졌다.

가까운 별의 이동

창밖에도, 사잇길에도, 다섯 평 화단에도 많은 생명이 살아간다. 그들은 계절에 맞춰 우리 동네를 찾아오기도 하고, 스스로 모습을 바꿔내기도 한다. 이 모든 변화를 이끌어내는 한 녀석이 오늘도 창밖에서 고개를 내민다. 태양이다. 이번 장의 마지막 '한 놈'은 태양이다.

새해가 되면 떠오르는 태양을 보기 위해 이동하는 사람들이 있다. 비싼 돈을 들여 기차표를 끊고, 사람들이 우글우글 대는 해변에 모여, 행여나 떠오르는 장면을 놓칠세라 눈이 시리도록 힘을 주고 있다가, 결국에는 구름에 가려 뜨는 해를 보지 못하고, 그래도 붉은 기운을 봤으니 그걸로 됐다고 자위하다가, 구름 위로 고개를 조금 드러낸 해를 본 후 그걸 일출이라 퉁치고, 새해 시작의 기운을 받는 사람들. 나도 한때 그런 적이 있었다. 하지만 지금의 나에게 일출은 새해의 시작이 아니라 하루의 시작이다.

높은 건물로 가득 찬 도시에서 매일 일출을 볼 수 있다는 것은 행운에 가깝다. 시야가 탁 트인 동향집이 주는 선물이랄까. 북한산 백운대와 만경대 사이로 떠오르는 태양을 보고 있노라면 그 기원을 알 수 없는 거룩한 감동을 느낌과 동시에, 일출 한 번 보겠다고 시간과 비용을 아끼지 않는 사람들이 떠올라 세속적인 웃음을 짓곤 한다. 그리고 새해 일출을 보러간다며 자랑을 하는 사람에게 우리집 창문을 통해 내가 매일 보는, 백운대와 만경대 사이로 떠오르는 거룩한 태양에 대해 이야기를 하며 김을 빼고 기를 죽여 놓는다.

하지만 솔직히 이야기하자면 나는 새해 아침에 떠오르는 태양을 볼 수 없다. 태양은 우리집 앞 동 건물에 가려 보이지 않는다. 황조롱이가 좋아하는 밑줄이 있는 바로 그 건물이다. 이 태양이라는 녀석은 가만히 있지 못하고, 하루하루 떠오르는 위치를 옮겨 다닌다. 동지(冬至)에 가장 남쪽에서 뜨고, 날이 지남에 따라 점점 북쪽으로 일출 지점을 옮겨오다가 하지(夏至)에 북쪽 정점에 이른다. 아무리 우리집이 김포평야에 맞닿은 동향집이라고 하지만, 동쪽 하늘 조망을 온전히 차지하고 있지는 못하다. 남쪽 지점에는 아파트 앞 동 건물이 떡하니 가로막고 있어, 일출 시섬이 남쪽으로 옮겨간 10월 말부터는 일출을 볼 수 없다. 동지가 가까워지면 그나마 남아 있던 아침놀마저 희미해진다. 2월 중순까지는 일출을 볼 수 없다. 아침에 뜨는 해를 보지 못하는 시기, 하루의 시작이 너무 허전하다.

백운대와 만경대 사이로 떠오르는 태양을 볼 수 있는 시기는 고작 2주 정도다. 사실 나는 새해 일출을 보러 간다는 사람들이 배가 아파 내가 갖고 있는 몇 가지 사실을 조합, 조작하여 김을 빼놓은 것이다.

매일 어제와 비슷한 광경을 보지만, 그 안에서 변화의 모습이 느껴질 때가 있다. 나는 그 변화가 좋다. 봄도 좋지만 겨울에서 봄으로 넘어가는 바로 그 순간이 더 좋다. 봄이 왔음을 말해주는 것은 많다. 벚꽃의 개화? 화려하고 극적이지만, 4월 초는 너무 늦다. 까치의 집짓기? 1, 2월의 부지런한 까치는 이제 곧 봄이 올 것이라고 미리 알려주는 것 같다.

여러 징표 중에 나에게 가장 크게 와 닿는 변화는 부푼 매화의 겨울눈이다. 다섯 평 화단에 있는 매화나무의 꽃눈이 조금씩 열리면서 꽃눈을 감싸고 있던 갈색의 비늘이 벗겨지고 그 안의 초록색 꽃잎이 살짝 드러날 때, 봄이 왔음을 느낀다. 그리고 또 하나. 태양의 등장이다.

겨우내 앞 동 건물에 가려 보이지 않던 아침의 태양은, 조금씩 북쪽으로 위치를 옮기다가 봄이 올 즈음 건물 옆으로 고개를 내민다. 그때가 되면 아침 거실 풍경이 바뀐다. 늘 어두침침하던 아침 거실은 붉은 빛이 된다. 물론 태양이 직접 보이지 않아도 아침놀의 동쪽 하늘은 붉은 빛을 발하지만, 태양이 직접 발하는 붉은 빛과 비교할 수는 없다. 어느 날 아침, 눈을 뜨고 거실로 나왔는데, 거실의 색이 붉게 바뀌어 있으면, 봄이 온 것이다.

사실 따지고 보면 모든 변화를 이끄는 것은 태양의 변화다. 이 녀석이 남쪽에서 떠오르느냐, 북쪽에서 떠오르느냐에 따라 우리가 살고 있는 곳에 도달하는 태양 에너지의 양은 달라지고, 삶의 에너지 대부분을 태

한 달 사이에 많이도 간다. 위는 4월 23일, 아래는 5월 21일에 찍은 사진

양에 의존하고 살아가는 지구 생명체들은 태양의 작은 움직임의 변화에 맞춰 몸을 바꾸고, 이동하고, 후손을 남기고, 생을 다하고, 동면에 들어가고, 잎을 떨어뜨리고, 탈피각을 남기며, 꽃눈을 만들어낸다.

앞 동 옆으로 고개를 내밀던 아침의 태양이 점점 북쪽으로 올라가 북한산에 다다르면 청개구리가 울고, 원앙이 온다. 북한산을 넘은 태양이 방향을 바꿔 북한산을 되넘고, 전봇대가 줄지어 서 있는 곳에 이르면 기러기가 온다.

별 생각 없이 하늘을 쳐다보면, 태양은 늘 원래 있던 그 자리에 있는 것처럼 보이지만, 자세히 들여다보면 태양의 움직임을 알아차릴 수 있다. 그 움직임을 잘 관찰하기 위해서는 하늘 높이 떠 있을 때보다는 우리가 살고 있는 땅과 바다 위에 떠오르는 지점의 변화를 살펴보는 것이 좋다.

해를 쳐다보다 보면, 가끔 해가 별로 보일 때도 있다. 태양이 별로 보일 때면, 광활한 우주가 느껴진다. 맑고 어두운 밤하늘에는 수없이 많은 별이 보이지만, 태양처럼 크게 보이는 별은 없다. 그 무수한 별 중에서 태양처럼 커다란 원으로 보이는 별이 있다는 사실, 별 하나가 이렇게도 가깝게 있다는 사실에 가끔 몸서리가 난다. 그리고 그 별은 자신의 에너지를 지구로 보내고, 지구에 살고 있는 우리는 태양의 에너지에 기대어 살아간다.

당연히 지구도 우주의 한 부분이지만, 우리는 우주를 말할 때 지구

바깥세상을 떠올린다. 태양이 별로 보이면, 지구도 우주가 된다. 가장 가까이서 볼 수 있는 우주. 신비롭고 잘 알지 못하는 미지의 세계 우주이지만, 우리는 우주의 한 부분인 지구에 발 딛고 살고 있다. 우리는 우주를 잘 알지 못하지만, 우주의 한 부분에 대해서는 그럭저럭 알고 있다. 난 우주가 궁금하다. 우주를 살아가는 생명도 궁금하다. 그래서 오늘도 나는 우주를 살아가는 생명을 관찰한다. 동네에서.

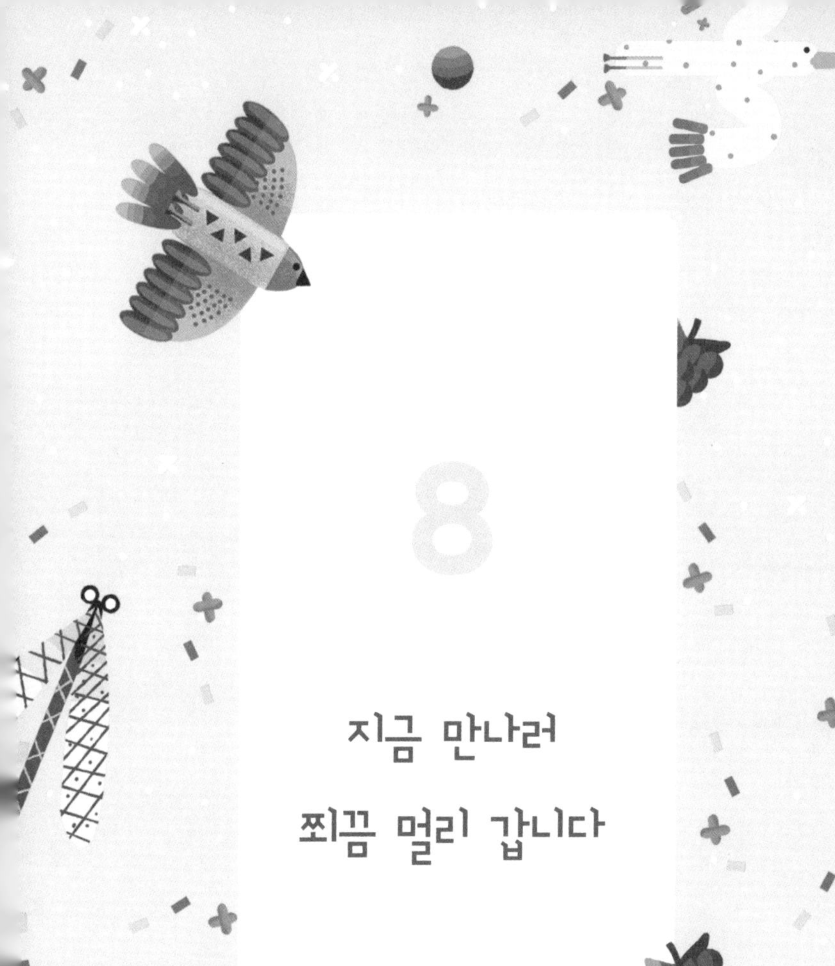

8

지금 만나러 찌끔 멀리 갑니다

우리 동네 천연기념물

나는 오늘도 우리 동네에서 우주를 관찰한다. 나에게 친숙한 우주. 어제와 같은 우주. 어제와는 아주 조금 달라진 우주. 지난주와 같은 우주. 지난주와 조금 달라진 우주. 지난달과 같은 우주. 지난달과 달라진 우주. 작년… 아… 새로운 걸 보고 싶다. 멋진 녀석들, 흔치 않은 녀석들을 보고 싶다. 매일 밥만 먹고 살 수는 없다. 새로운 자극이 필요하다. 별미가 필요하다.

하지만 명색이 동네 자연관찰 책에다가 '주변의 자연이 지겨워질 때는 한라산을 오르세요. 거기에 멋진 구상나무가 있어요'라고 쓸 수는 없는 노릇 아닌가! 지금 내 머릿속에는 시골과 산속에서 만난 멋지고 흔치 않은 녀석들이 지나가지만, 이번 장에서는 어떻게 해서든 내가 살고 있는 도시 안에서 해결하겠다!

'음… 결연하게 이야기했지만, 사실 쉬운 일이다.'

아무리, 흔한 녀석들의 삶을 자세히 들여다볼 수 있는 것이 동네 자연관찰의 백미라지만, 우리가 사는 동네 안에서 흔치 않은 녀석들을 만나는 재미 또한 놓칠 수는 없다. 밥도 먹고, 별미도 먹자.

'흔치 않은 녀석들'이라 했을 때 먼저 떠오르는 것이 천연기념물이다. 얼마나 귀하면 나라에서 문화재로 지정해 보호할까? 이 귀한 녀석들을 도시에서 만나면 특별한 경험을 한 느낌이 든다. 우리와 함께 살고 있는 모든 동식물이 천연기념물의 대상이 될 수 있지만, 보통 동물은 '종'을, 식물은 '개체'나 그런 개체들이 모여 있는 '군집'을 천연기념물로 지정하는 경우가 많다. 여름철새인 팔색조라는 '종'이 천연기념물 제204호에 지정되고, 왕버들이라는 종이 아닌 경북 청송군 파천면 광동 721번지에 살고 있는 왕버들이라는 '개체'가 천연기념물 제193호로 지정되는 식이다. 둘 다 특별한 서식지가 있으면 그곳이 천연기념물이 되기도 한다. 백로와 왜가리는 흔한 새이지만, '여주 신접리 백로와 왜가리 번식지'는 천연기념물 제209호다. 동네마다 가로수로 심는 왕벚나무는 흔하지만, 제주 신례리의 왕벚나무 자생지는 천연기념물 제156호다.

대부분의 동물 천연기념물은 인간에게 피해를 본 녀석들이 많다. 인간은 인간의 서식지를 확장하고 자연자원을 왕창 가져다 쓰면서 많은 동물을 멸종 위기로 몰아넣었고, 이미 멸종시켰다. 그리고 멸종 위기에 처한 동물에게 천연기념물이라는 지위를 주고 보호한다.

식물도 비슷한 과정을 겪고 있지만, 천연기념물의 지위를 얻은 식물은 오래전부터 인간의 손을 탄 녀석들이 많다. 천연기념물 식물 중 대표적인 것이 노거수(老巨樹)이다. 자연 수명이 수백 년이 넘는 나무라 할지라도, 천수를 누리며 오래 사는 나무는 많지 않으므로 노거수는 보호의 대상이 된다. 불과 100년 전 사진을 보더라도, 사람의 발길이 닿지 않는 깊은 산속을 제외한 대부분의 산이 민둥산임을 확인할 수 있다. 산속의 나무는 다 베어버렸다. 곧고 크고 오래된 나무는 땔감으로도, 건축 재료로도 안성맞춤이니 그런 나무가 살아남기는 어렵다. 인간의 손이 닿지 않는 곳에 사는 나무들도 그들끼리의 치열한 생존 경쟁 끝에 천수를 누리기 어렵다.

대신 인간이 의미를 부여한 나무는 오랫동안 살아남을 수 있었다. 임금처럼 권력가가 살고 있는 곳의 나무이거나, 사찰의 나무, 마을의 당산나무가 그랬다. 그런 나무는 사람들이 보호하며 잘 베지 않았는데, 덕분에 오래 살 수 있었고, 천연기념물이 될 수 있었다. 그러니 천연기념물 노거수는 산속이 아니라 인간의 마을에 함께 살고 있는 경우가 많다.

도시에서 쉽게 볼 수 있는 천연기념물은 '새'와 '노거수'다. 그중에서 내가 매일 보는 녀석은 황조롱이다. 천연기념물 제323-8호의 귀한 몸이지만, 창밖에서 매일같이 울어댄다. 천연기념물 제327호인 원앙도 논에 물이 차는 5월이면 우리 동네에 나타난다. 같은 새 사진을 찍어 SNS에 올려도, 사진 끝에 '#천연기념물_제323-8호'라는 태그를 달아 게시하면 반응이 다르다.

'귀한' 천연기념물인 황조롱이와 원앙이 우리 동네에 산다고 해서, 우리 동네 환경이 다른 동네보다 월등히 뛰어난 것은 아니다. 황조롱이는 광화문 한복판에도 날아다니고, 원앙은 호수가 있는 공원에서 흰뺨검둥오리 다음으로 자주 보이는 새다.

새 도감에는 다른 도감과는 달리 '흔함', '흔하지 않음', '적음', '희귀함' 따위의 표시를 달아놓는 경우가 많다. 예를 들어 '참새'를 설명하는 페이지에 '텃새·흔함'이라고 적혀 있는 식이다. 참새보다 황조롱이가 훨씬 보기 힘들지만, 황조롱이에도 이렇게 씌어 있다. '텃새·흔함'

국제도시에는 저어새가 산다

귀하지 않은 생명이 어디 있겠느냐마는, '종 다양성'의 관점에서 볼 때 보호해야 할 종은 '멸종위기종'이다. 원앙과 황조롱이 같은 새들도 물론 보호해야 하지만, 다른 새들을 제쳐두고 흔한 그들이 천연기념물이 된 이유는 알 수가 없다. '황조롱이는 맹금류가 적은 도시에 자주 출몰하는 것이 기특해서?', '원앙은 너무 예뻐서?' 정도가 이유이려나? 아무튼 새의 경우 천연기념물과 멸종위기종은 서로 겹치기도 하고, 겹치지 않기도 한다. 관리와 지정 주체도 다른데, 천연기념물은 문화재청이고 멸종위기종은 환경부다.

그런데 이 둘 모두 우리가 사는 도시에 온다. 베란다에서 새를 관찰하는 분의 창밖에 오는 새 중에 천연기념물은 황조롱이, 솔부엉이, 참매, 붉은배새매가 있다. 이 중 참매와 붉은배새매는 멸종위기종 2급이다. 멸종위기종은 1급과 2급으로 나뉘는데, 1급은 당장 멸종 위기에 처한 야생생물이고, 2급은 개체수가 현저하게 감소하고 있어 이대로라면 가까운 장래에 멸종 위기에 처할 우려가 있는 야생생물을 말한다. 국제적으로는 세계자연보전연맹(IUCN)의 적색 목록이 멸종위기종이다.

내가 살고 있는 인천에는 천연기념물이자 세계적인 멸종위기종 새가 매년 둥지를 튼다. 그것도 인천 앞바다의 섬이나 강화도가 아닌(물론 그곳에도 가지만), 내륙의 인천에 말이다. 주걱같이 생긴 부리로 물속을 저어 사냥을 하는 저어새가 그들이다. 저어새는 전 세계적으로 3,000여 마리밖에 남지 않은 것으로 알려져 있다. 제주도와 대만, 베트남, 홍콩, 일본 등지에서 월동을 하고 우리나라 서해안과 중국 요동반도 인근 섬에서 주로 번식한다. 이들 중 일부가 매년 인천 남동공단과 송도국제도시 사이에 있는 유수지의 작은 인공섬을 찾아와 새끼를 키운다. 나는 가끔, 저어새가 자리하고 있을 5, 6월에 저어새를 보러 간다. 어쩌다 밤새 원고 하나 쓰고 몸과 마음이 지쳤을 때, '에라, 저어새나 보고 오자'고 마음먹

송도국제도시와 남동공단 사이, 저어새가 산다.

고 지하철을 탄다. 지하철로 몇 정거장만 가면 저어새를 볼 수 있는 도시, 원더풀 인천이다.

저어새는 매년 그곳에 오는 것을 알고 찾아간 것이지만, 저어새의 친척인 노랑부리저어새를 본 것은 순전히 우연이었다. 지금은 웬만한 도서관 의자는 웬만큼 좋지만, 몇 년 전만 해도 웬만한 도서관 의자는 어지간히 딱딱했다. 그래서 종종 도서관에 갈 때면 도서보유량도, 양서의 비중도, 식당의 맛도 아닌, 편안한 의자를 찾아다니곤 했는데, 그중 한 곳이 최신 의자가 있는 청라국제도서관이었다. 도서관 옆에는 심곡천이라는 하천이 흐른다. 요즘이야 고상하게 하천이라 하지만, 개천이다. 물이 있으면 물새가 날아온다. 어지간히 더럽지 않으면, 어지간히 깔끔을 떠는 새를 제외하고는 온다. 심곡천에도 어지간한 하천에서 쉽게 볼 수 있는 백로와 흰뺨검둥오리가 날아왔다.

2016년 1월, 잠깐의 휴식을 위해 심곡천변을 걷던 때였다. 흰뺨검둥오리 사이에 백로를 닮았지만 백로가 아닌 녀석이 있었다. 몸이 좀 달랐다. 좀 더 자세히 보고 싶었다. 하지만 사람을 우습게 아는 비둘기나 담력 있는 참새 말고는 웬만한 새들은 사람이 가까이 가면 날아간다. 특히나 어떤 인간이 자기를 보면서 걸어오고 있다고 생각하면 잔뜩 긴장하고 언제든 날아갈 태세를 갖춘다.

나는 하천 옆 산책로 중 하천과 가장 멀리 떨어진 쪽으로 걸으면서

흰뺨검둥오리와 내외하는 노랑부리저어새

'너에게는 아무 관심도 없다'는 표시로 하천 반대방향을 쳐다보며 걷다가 하천과 나 사이에 수풀이 우거진 곳에서 멈췄다. 갈대는 이미 갈색으로 변한 지 오래였지만, 여전히 그 자리에 남아 나의 은폐를 도왔다. 몸을 숨기고 카메라 렌즈를 가져다 댔다.

녀석의 부리가 주걱 모양이다. 부리의 검은색이 눈까지 연결되지 않았다. 눈 부위까지 검으면 저어새, 그렇지 않으면 노랑부리저어새다. 노랑부리저어새도 천연기념물이며, 멸종위기종에, '세계자연보전연맹 적색목록'에 오른 녀석이다.

국제적인 관심을 받는 녀석들이어서 국제도시를 좋아하나? 희한하게도 녀석들을 본 두 장소는 모두 송도국제도시와 청라국제도시의 초입이었다. 인천에서 가장 미래도시적 풍모를 풍기는 두 지역은 원래 갯벌이었다. 녀석들을 본 남동공단의 유수지와 심곡천은 기존 시가지와 갯벌을 메워 만든 국제도시 사이에 있는 곳이다. 녀석들은 갯벌의 추억을 잊지 못했던 걸까? 하지만 송도도, 청라도, 계속 매립 중이고, 갯벌은 계속 시가지로 바뀌고 있다. 계속 오려나?

흔하지만 희귀한

천연기념물에, 멸종위기종 1급이고, 전 세계에 3,000여 마리밖에 없는 저어새는 내가 마음만 먹으면 볼 수 있는 곳에서 살고 있다. 하지만 도감 속 저어새는 '여름철새·희귀함'이다.

'희귀함'이라고 씌어 있는 새를 발견했을 때는 기분이 좋고, '희귀한' 새를 봤다고 생각하고 도감을 찾았을 때 '흔함'이라고 씌어 있으면 좀 맥이 빠진다. 아무래도 수련이 덜 된 듯하다. 그런데 도대체 그 '흔함'이라는 것은 누구에게 흔하다는 것일까? 꼬마물떼새를 도감에서 찾아보면 '여름철새·흔함'이라고 적혀 있지만, 내가 다니는 길에서 흔히 볼 수 있는 녀석은 아니다. 보통 사람들보다 주변의 자연에 관심을 가지고 눈과

귀를 쫑긋 세우고 다니는 편이지만, 특별히 탐조 여행을 잘 가지 않는 내가 수년 동안 꼬마물떼새를 본 것은 딱 두 번뿐이었다. 한 번은 부천 대장동 흙길 옆 논에서, 한 번은 우리집 창밖 논에서. 지난봄에야 두 쌍의 꼬마물떼새가 우리 동네에 자리를 잡으면서 드디어 흔한 새가 됐다. 물론 우리 동네에서 꼬마물떼새를 발견한 사람은 손에 꼽겠지만.

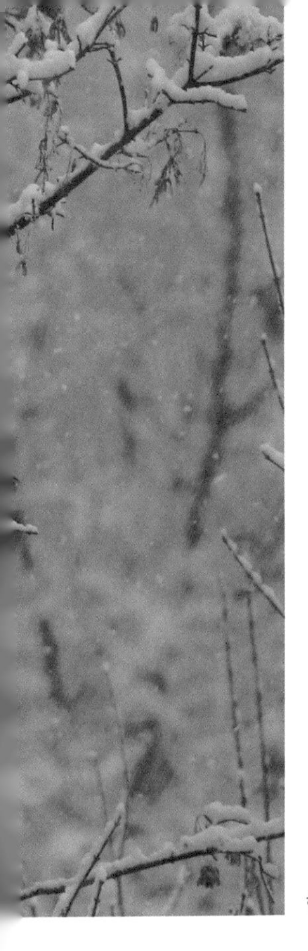

함박눈과 함께 날아온 밀화부리

탐조 취미가 없는 사람들은 믿지 못할 수도 있겠으나, 아마도 인구의 90퍼센트 이상은 동화 속에만 존재하는 것으로 알고 있을 파랑새도 도감에 따르면 '흔한' 새다. 고방오리도, 가창오리도, 흔하다. 여러분이 한 번도 보지 못했을 상모솔새도 '겨울철새·흔함'이다. 또 흔하디흔한 큰유리새는 이름도 처음 들어본 사람들이 99퍼센트를 넘을 것이고, 밀화부리는 '겨울철새·적음, 여름철새·희귀함, 나그네새·흔하지 않음'이라고 적혀 있지만, 우리 동네에 떼 지어 나타난 적이 있다.

경험에 비춰봤을 때, 새 도감에 적힌 새의 출현 빈도를 알려주는 말 중 '흔함'이라는 의미의 범주가 가장 넓은 것 같다. 참새나 비둘기처럼 눈을 감고 다녀야 보지 않을 수 있는 녀석들부터, 새들이 살고 있는 시기에 맞춰 그들의 서식지에 찾아갔을 때 가끔 볼 수 있는 녀석들까지 '흔함'에 포함된다. 개개비를 예로 든다면, 녀석들이 날아오는 여름에, 녀석들이 좋아하는 갈대밭으로 가서, 눈을 크게 뜨고 갈대 사이를 살피길 열흘 정도 했더니 한 번 볼 수 있었다면, 개개비는 '흔함'에 해당된다. 겨울 갈대밭에 가거나, 여름 등산을 하면서 '왜 그 흔하다는 개개비가 보이지 않느냐!'고 말할 수 없는 노릇다. 갈대밭 옆을 걷는다 하더라도 갈대

종종 갈대 위로 올라오는 개개비

사이에 숨어 있는, 사실 개개비 정도면 숨어 있는 축에 들지도 않지만, 그 작은 녀석을 찾아보려는 별다른 노력도 안 했으면서 개개비를 보지 못했다고 '흔하다'는 표현에 '흔하긴 개뿔'로 응대할 필요는 없다.

흔함은 늘 상대적이고 개인적이다. 세계자연보전연맹의 적색 목록에 사자, 표범, 치타, 기린과 함께 멸종위기 '취약(Vulnerable)'으로 분류되어 있는 고라니는 우리나라에서는 너무도 흔해 유해조수로 사냥이 가능할 정도다. 전 세계 고라니의 90퍼센트가 우리나라에 살고 있다고 하니, 세계적으로는 희귀하고, 우리나라에는 흔하다. 누가 숲에서 고라니를 봤다고 해서 기린을 봤을 때의 기분을 느끼겠는가.

하지만 나는 내년에도 흔하다고 하지만 흔하지 않은 꼬마물떼새를 보면 흥분할 것 같다. 흔한 파랑새를 꼭 한 번 봤으면 좋겠고, 흔한 꾀꼬

대릉원의 후투티

리가 앉아 있는 모습을 제대로 보고 싶다.

언젠가 꼭 한 번 봤으면 하고 생각한 새 중에는 후투티와 물총새가 있었다. 후투티는 인디언 추장을 닮은 바짝 세운 머리깃도, 후투티라는 이름도 굉장히 이국적이다. 그래서 후투티라는 이름이 외국어인 줄 알았고, 후투티는 외국에 사는 새인 줄 알았다.

지금까지 딱 두 번 후투티를 보았는데, 본 장소가 공교롭게도 한 번은 서울 창덕궁 돈화문 안쪽이었고, 한 번은 경주 대릉원 천마총 옆이었다. 조선의 서울과 신라의 서울을 상징하는 곳에 나타난 후투티.

'야! 이래도 내가 외국종이냐? 나 토종이야 인마!'

하긴 새에게 외국종 토종이 무슨 의미가 있으랴. 완전 우리 새 같은 꾀꼬리도, 파랑새도, 물총새도 모두 남쪽에 살다가 더위를 피해 우리나라로 오고, 기러기도, 가창오리도, 청둥오리도, 추위를 피해 우리나라에 온다. 그렇게 더위를 피해 더운 여름에 우리나라에 오는 새는 여름철새고, 추위를 피해 추운 겨울에 우리나라로 오는 새가 겨울철새다. 우리나라는 덜 덥고, 덜 추운 곳이었다! 이럴 수가!

하지만 녀석들의 최종 목적지가 우리나라가 아닌 국경 너머에 있다면, 지나가는 길에 잠시 쉬어가며 서해에 보석처럼 펼쳐진 갯벌에서 영양가 높은 먹이를 잡아먹으며 기력을 회복해 갈 길을 제촉한다면, 녀석들에게는 나그네새라는 이름이 붙는다.

식물은 '철식물'이나 '나그네식물'이 되지는 못하지만, 외래종 취급을 받다가 귀화식물이 되기는 한다. 그렇게 유럽에서 온 토끼풀, 남미에서 온 달맞이꽃, 북미에서 온 개망초, 서남아시아에서 온 자주개자리, 호주에서 온 연꽃 그 누구에게도 국적을 물어보거나 출신지를 따지지 않는다. 귀화했으니까.

여름에 우리나라로 오는 물총새를 2021년 봄, 서울 상암 평화의공원에 있는 난지 연못에서 처음 봤다. 생각보다 작은 모습에 깜짝 놀랐다. '여름철새·흔함'인 새이지만, 한 번도 만나지 못했던 새. 예상치 못하게 경북 예천에 있는 회룡포에 갔다가 또 한 번 만났다. 흥분해서 쳐다보았더니 함께 갔던 장모님이 한 말씀 하신다.

"어렸을 때 우리 동네에는 정말 흔했다."

그랬구나.

'물총새. 여름철새·흔하지만 잘 보기 어려움, 예전엔 훨씬 흔했음.'

노거수 찾는 법

한 자리에 뿌리내리고 있는 노거수를 찾아가는 것은 훨씬 쉽다. 한때 전국에 있는 천연기념물 나무를 찾아 여행을 다닌 적이 있다. 잎이 막 나오기 시작하는 4월 초, 여린 연둣빛 잎을 단 600살 먹은 고목의 매력에

강 당

담양 한재초등학교에 있는
천연기념물 제284호 느티나무

빠져 매년 봄 벚꽃 구경을 제쳐두고 김제 행촌리 느티나무를 찾았다. 한참을 산길을 오르던 중에 느닷없이 나타난 합천 묘산면의 소나무, 태풍 피해로 지금은 고사했지만 용이 승천하는 모습을 꼭 빼닮은 괴산의 왕소나무, 나무 그늘 아래 평상에서 늘어지게 한숨 자고 왔던 장흥 용산면의 푸조나무, 모두가 잊을 수 없는 나무들이다. 아차! 도시 나무 이야기를 써야 하지!

내가 살고 있는 인천의 천연기념물 나무로는 신현동 회화나무가 가장 유명했다. 오백 살 먹은 회화나무는 주변이 모두 빌라촌으로 변하는 동안에도 그 자리를 지키고 서 있다. 이 나무의 존재를 모르는 사람이라면 그 자리에 고목이 있을 거라고는 상상도 할 수 없는 위치에 있다. 4~5층짜리 건물로 빽빽한 시가지 한복판에 서서 500년의 세월을 내려다보고 살고 있다. 지금 신현동에 살고 있는 사람들은 회화나무와 어떤 이야기를 만들어가고 있을까?

그런데 사실 이 나무보다 훨씬 더 유명한 나무가 있다. 장수동 은행나무라 불리는 녀석인데(아, 차마 팔백 살 먹은 나무에는 녀석이라고 못 하겠다), 그분은 천연기념물 은행나무를 여럿 봐 온 내 눈으로 봤을 때도 다른 은행나무를 압도하는 카리스마가 있다. 특히나 다섯 개의 커다란 가지가 나무를 원형으로 둘러 뻗어 만들어낸 거대한 수형은 다른 천연기념물 은행나무에서도 좀처럼 찾기 힘든 모습이다. 이렇게 멋지고 인상적인 나무임에도 앞서 인천의 천연기념물 나무 이야기를 할 때 장수동 은행나무보다 신현동 회화나무를 첫손에 꼽은 이유는 장수동 은행나무는 천연기념물이 아니라 인천시기념물이었기 때문이다. 천연기념물로 지정되지 않은 것이 좀처럼 이해되지 않는 나무였는데, 마침내 2021년 2월 8일, 천연기념물 제562호로 지정되며 막내 천연기념물이 됐다.

그러니 도시에 살고 있는 노거수를 찾으려면 천연기념물뿐만 아니라 시도기념물을 함께 찾아보면 좋다. 거기에 보호수까지 더하면 웬만한 노거수는 다 찾을 수 있다. 셋은 각기 관리부처가 다르다. 천연기념물은 문화재청이, 시도기념물은 지방자치단체가, 보호수는 산림청이 관리하고 있다. 여러분이 살고 있는 도시의 노거수를 찾고 싶다면, 천연기념물은 문화재청 홈페이지에서, 시도기념물은 네이버 검색창에 '시도기념물'을 치고 지역별로 검색하는 것이 가장 편하다. 보호수는 산림청 홈페이지 '정보공개-공공데이터 개방-공공데이터 개방목록-휴양문화'로 들어가서 검색하면 찾을 수 있다.

서울에는 조계사 백송, 문묘 은행나무, 창덕궁 향나무, 신림동 굴참나무 등 11개의 천연기념물 나무가 있다. 보호수는 211개다. 노거수 찾아 서울 나들이 좀 해볼까?

9

틈새들

노는 물이 다르다

지난봄 동네 논에서 꼬마물떼새를 보는 재미에 빠져 있었다. 전염병이 창궐한 지난 2년 사이, 나에게 우리 동네는 더 중요해졌다. 가뜩이나 집에서 일하는 처지에, 사람 많은 곳에 가길 자제하니, 하루 종일 동네 바깥으로 한 발짝도 벗어나지 않는 날이 많다. 동네를 산책하는 횟수가 더 늘었고, 그런 내가 가여웠는지, 꼬마물떼새가 찾아왔다. 이제 막 심은 모가 소년의 까까머리처럼 짧은 모양새를 하고 있을 때, 꼬마물떼새는 그 사이를 오간다. 논길을 걷고 있으면 "삐유—육" 소리를 내 나를 부른다. 소리가 나는 쪽으로 고개를 돌리면 주로 논둑 위에 올라가 있다. 종종 논 아래로 내려오면, 물떼새 중 가장 작은 몸집 덕에 짧은 모 사이에도 몸을 숨길 수가 있다.

산책길에 나서며 '오늘도 꼬마물떼새를 만났으면 좋겠다'는 마음가짐으로 귀를 쫑긋 세우고 눈으로 논둑을 훑는다. 그 사이, 중대백로, 중

꼬마물떼새

백로, 쇠백로, 황로, 왜가리와 같은 백로류와 흰뺨검둥오리가 친숙하다. 백로는 능숙하게 미꾸라지를 잡고, 흰뺨검둥오리는 수초를 뜯어 먹는다. 참새, 까치, 멧비둘기가 하늘에 선을 그린다. 올해는 까치보다 물까치가 더 많이 보인다. 하늘을 천천히 순회하던 황조롱이는 전봇대 위에 앉아 있다가 내가 가까이 지나가자 날아간다.

'내가 뭘 어쩐다고.'

매일 보는 사이에 하늘을 날면서도 나를 째려본다.

지난 5, 6월 매일같이 반복되는 풍경이다. 우리 동네의 새들이 익숙해질 즈음, 다른 새들의 소식도 궁금해진다. 우리 동네에서 몇 걸음만 더

날면서도 째려보는 황조롱이

가면 김포의 논이다. 그곳은 다른 새들이 올까? 하지만 우리 동네와 별반 다름없다. 온통 백로와 흰뺨검둥오리다. 조금 더 가본다. 또 백로다. 많이 더 가본다. 역시나 백로다. 한 시간을 더 걸어가도, 별 변화가 없다. 농수로 옆 갈대숲에서 개개비 소리가 들렸을 뿐이다.

이런 결과는 당연하다. 애초에 접근이 잘못됐다. 논에 오는 새만 보는 것이 지겨울 때, 옆 논으로 가봐야 별거 없다. 다른 논이 아닌, 숲으로 가는 것이 현명하다.

생태적 다양성이 아주 뛰어난 곳을 일부러 찾아가지 않고, 나처럼 동네 근처에서 좀 더 다양하고 많은 새를 보고 싶다면, 다른 환경을 찾아가는 것이 좋다. 물론 겹치는 새들도 있지만, 각자가 살고자 하는 곳이 다른 것이 자연의 이치이니, 환경이 다른 곳을 옮겨 다녀야 볼 수 있는 새가 다양해진다.

'각자가 살고자 하는 곳'이라는 말을 생태학 용어로 표현하면 생태적 틈새이다. 모두는 각자의 생태적 틈새에서 살아간다. 깊은 산속에 사는 걸 좋아하는 새가 있고, 산 아래에 사는 걸 좋아하는 새가 있다. 물이 발목까지만 차는 환경을 좋아하는 새도 있고, 커다란 물고기가 사는 깊은 물을 좋아하는 새도 있고, 게가 득시글거리는 갯벌을 좋아하는 새도 있다.

그러니 다양한 새를 보고 싶다면 다양한 환경을 찾아다녀야 하고, 반대로 관찰하고자 하는 특정 새가 있다면 그 새가 서식하는 환경을 먼저 알아야 한다. 흔한 꼬마물떼새를 한번 보고 싶다고 서울에서 가장 큰 물인 한강 한복판을 열심히 들여다봤자 별 소용없다. 한강 변 자갈밭, 발목에 물이 찰랑거리는 한강 옆 논이 꼬마물떼새가 사는 곳이다.

동네 논, 아라뱃길, 장릉숲, 정서진 갯벌

새가 보고 싶을 때 내가 찾는 장소는 우리 동네 논, 아라뱃길, 김포 장릉이다. 이들 지역은 서로 다른 환경으로 다른 새를 부른다. 올해는 아라뱃길 서쪽 끝 정서진 갯벌이 합류했다. 논습지, 하천, 숲, 갯벌. 내가 생각해도 아주 잘 갖춰진 진용이다. 이런 진용을 갖추고도 새로운 새를 보겠다고 김포 논으로 갔으니 다리만 고생했다.

자전거로 20분을 달려 장릉숲으로 갔다. 왕릉의 숲은 오랜 세월 잘 보존되어 있으면서도 경사가 급하지 않아, 나처럼 숲은 좋아하지만 산은 힘겨워하는 사람들에게 제격인 장소다. 각종 박새들과 딱따구리, 꿩, 꾀꼬리, 유리딱새, 큰유리새, 노랑턱멧새와 같은 산새들을 만날 수 있는 곳이다.

오리 무리를 보고 싶을 때는 아라뱃길로 간다. 흰죽지와 청둥오리, 흰뺨검둥오리, 그 사이 물닭까지 수많은 물새들이 어울려 물 위에 떠 있는 모습은 장관이다. 동네 논에서는 절대 볼 수 없는 풍경. 다만 이런 풍경을 보려면 겨울을 기다려야 한다. 무리 지어 날아오는 오리의 대부분

아라뱃길의 흰죽지

이 겨울철새이기 때문이다. 겨울 오리가 아라뱃길을 찾아야 수면 위의 오리 풍경이 완성된다.

자전거를 타고 아라뱃길을 따라 서쪽으로 30여 분을 달리면 일몰 명소 정서진이 나온다. 일출 명소 정동진이 없었다면 절대 붙여질 리 없었을 이름의 정서진에는 일몰만 있는 것이 아니라 갯벌이 있다. 6월의 정서진 갯벌에서는 천연기념물 제326호, 멸종위기 야생생물2급, 세계자연보전연맹 적색 목록 관심 대상인 검은머리물떼새를 만날 수 있다. 머리와 등은 검고, 배는 희고, 부리와 다리, 눈은 붉은, 까치 정도 크기의 물떼새다. 삐익삐익 큰 소리를 내며 갯벌에 내려앉은 녀석들은 붉은 부리에 뻘이 잔뜩 묻어도 아랑곳하지 않고 긴 부리를 연신 쑤셔대며 갯지렁이를 찾아 문다. 갯지렁이가 뻘 속에서 버티는 탓에 고무줄처럼 길게 늘어나지만, 이내 뽑힌다. 그 사이 검은머리물떼새는 검은'부리'물떼새가 됐다. 사냥에 성공한 검은머리물떼새는 갯지렁이를 물고 항구 너머 인적 드문 메마른 수풀 쪽으로 날아간다. 새끼가 기다리고 있나 보다.

흔한 갈매기 사이에 검은머리갈매기라는 아주 귀여운 갈매기가 있다. 흰 몸에 검은 머리, 검은 머리 안에 흰 눈, 그 안에 검은 눈동자. 동글동글한 몸매와 머리와 눈과 부리가 인형처럼 귀엽다. 카메라를 들이대고 열심히 검은머리갈매기를 쫓아가고 있는데 저 멀리 혼자 날아가던 저어새가 찍혔다. 저어새도 새끼를 키우고 있으니 바쁠 때다.

어느 날은 자전거를 세우자마자 진객을 만나기도 했다. 다른 때와 달리 밀물 때에 도착해 길 너머 갯벌이 얼마 남아 있지 않은 상태였다. 좁게 드러난 갯벌에 갈매기들이 떼를 지어 앉아 있었는데, 멀리서 한 무리의 새가 날아왔다. 어떤 새인지도 모르고 급하게 카메라를 꺼내 녀석들에게 초점을 맞췄다. 열세 마리의 큰 새 무리는 서서히 좁은 갯벌로 다가와 내려앉았다. 알락꼬리마도요였다. 호주에서 날아와 번식지인 시베리아로 가는 중에 인천 앞바다를 찾았다. 녀석들과 내가 동시에 갯벌에 도착한 것이다. 오는 길에 물 한 모금 마시고 왔으면 못 봤을 장관이었다.

아라뱃길 끝과 바다 사이에는 아라서해갑문이 있다. 항구의 수심을 유지해 배의 선적을 돕는 시설이다. 갑문 옆에는 또 다른 수문이 있는데, 그곳을 통해 아라뱃길에서 나온 물이 바다로 계속 쏟아진다. 그 때문인지, 원래는 갯벌이었을 자리에 커다란 웅덩이가 생겼고, 웅덩이 끝쪽의 물길을 따라 갯벌 바깥으로 물이 흐른다. 물의 흐름은 정서진 갯벌에 또 다른 생태적 틈새를 만들었다. 웅덩이가 끝나는 그 지점이 바로 쇠제비갈매기의 사냥터다. 녀석들은 언제나 그곳에 있다. 멀다. 정지비행을 하다가 사냥감을 발견하면 수면으로 수직 낙하한 후 다시 날아오르는 녀석들의 멋진 모습을 카메라에 담기에는 너무 멀다. 우리 동네 착한 황조롱이는 가여운 나를 위해 가까이 날아줬는데, 정서진의 쇠제비갈매기는

정서진 갯벌에 날아오는 검은머리물떼새, 검은머리갈매기, 쇠제비갈매기, 알락꼬리마도요

잎이 나기 전에 산에 가면 좀 더 잘 보인다. 노랑턱멧새

그만큼 착하진 않다.

아무리 쇠제비갈매기가 못됐다 한들 장릉의 산새만 할까? 이놈의 산새들은 매번 소리만 들려주고 좀처럼 얼굴을 보여주지 않는다. 소리만 듣다가, 박새 몇 마리 보고, 장릉 안 호수에 모여든 물새만 보다가 오는 경우가 허다하다. 산새 미워.

나비의 시간, 나방의 시간

생태적 틈새를 넘나드는 관찰은 4차원으로 이루어진다. 오리 무리를 보려면 공간으로는 아라뱃길을, 시간의 좌표는 겨울을 찍고 찾아가야 한다. 여름에 갔다가는 민물가마우지와 갈매기, 오리라고 해봤자 흰뺨검둥오리 정도만 보인다(흰뺨 미안). 우리 동네 논의 주인공도 여름에는 백로, 겨울에는 기러기다. 물론 물이 빠진 겨울의 논은 여름의 논과 같은 공간이라 말하기도 어렵지만.

아무튼 시간의 변화에 따라 발길도, 눈길도 달라진다. 매화와 봄까치가 봄이 왔음을 알리는 3월은 여름철새가 오기 전에 부지런을 떨며 짝짓기를 하려는 텃새 관찰에 제격이다. 텃새들이 바삐 움직이니 만날 확률이 높아지고, 쉴 새 없이 아름답게 울어대니 방향 잡기가 좋고, 게다가 새들을 숨겨줄 나뭇잎이 아직 나지 않았으니 말이다. 제비꽃이 한

개망초를 찾아온 녀석들. 수중다리꽃등에,
호리꽃등에, 고려꽃등에, 꼬마꽃등에, 덩굴꽃등에,
각다귀, 점흑다리잡초노린재, 꿀벌, 황띠배벌

창인 4월 중순에는 여름철새로 시선이 옮겨진다. 그러다가 달개비와 박수가리가 꽃을 피우기 시작하는 여름이 되면, 한두 달 전 반갑게 맞이했던 여름철새들도 시큰둥해진다. 한여름에는 새들도 조용하고 봄처럼 바삐 다니지도 않는다. 쑥부쟁이가 아파트 정원을, 고마리가 물가의 색을 핑크빛으로 바꿔놓은 때, 그러니까 기러기가 오는 9월 말이 되기 전까지 새는 내 자연 관찰 목록에서 2순위로 밀려난다. 여름은 바야흐로 곤충의 계절이다.

나무 위, 저 멀리 물가에 있는 새가 아니라 바로 코앞 풀숲에 있는 곤충으로 시선이 옮아간다. 나의 카메라 렌즈도 망원렌즈에서 접사렌즈로 바뀐다. 모델이 바뀌어 렌즈를 바꿔 낀 것이지만, 렌즈를 바꿔 끼면 자연스럽게 시선이 달라진다. 망원렌즈를 꼈을 때는 먼 곳을 보며 걸었는데, 접사렌즈를 끼고 있으니 나의 시선은 코앞의 풀숲을 헤친다.

제일 눈에 띄는 곤충은 개망초를 찾아온 녀석들이다. 온 동네에 지천으로 피어 있는 개망초는 곤충의 밥상이다. 개망초 꽃은 하늘을 향해 솟아 있고 흰 바탕까지 만들어주니, 개망초를 찾아오는 곤충을 관찰하기는 너무도 쉽다.

우리 동네 개망초에는 꿀벌, 쌍살벌, 말벌과 같은 벌보다도 벌을 닮은 꽃등에가 더 많이 온다. 덩굴꽃등에, 수중다리꽃등에, 별넓적꽃등에는 모양뿐만 아니라 크기까지 꿀벌을 쏙 빼닮았다. 개망초를 찾아오는 꼬마꽃등에와 호리꽃등에는 작은 몸집으로 개망초보다도 훨씬 작은 꽃의 수정까지도 맡아준다. 그 사이 의태에 실패했는지, 파리의 자존심을 지키려는지, 꽃등에의 상징과 같은 노란 줄무늬를 거부한 고려꽃등에까지, 개망초를 찾아오는 꽃등에의 종류도 다양하다.

한쪽에서는 각다귀가 기다란 주둥이를 노란 꽃 한복판에 꽂고 있다. 맛난 꿀을 벌과 나비, 꽃등에에게 모두 양보할 수는 없는 노릇이다. 모기를 닮아 왕모기로 취급받고, 하필이면 이름도 왠지 무시무시한 각다귀여서 사람을 해치지 않을까 오해를 많이 받지만, 각다귀는 꽃을 쫓는 취향을 가진 녀석이다.

진디와 무당벌레의 활동도 왕성하다. 개망초, 소리쟁이의 줄기에 진디가 있는 것은 아주 흔한 광경이다. 하지만 아무리 많은 진디가 모여 있어도 크기가 작고 줄기에 딱 달라붙어 있어 아주 가까이서 보기 전까지는 진디의 존재를 눈치 채지 못하는 경우가 많다. 하지만 한번 진디가

칠성무당벌레 애벌레, 번데기, 성충

거기 있음을 알아차리면, 그다음부터는 진디를 발견하는 게 아주 쉽다.

신디가 있으면 무당벌레가 있기 마련이다. 우리 동네에는 칠성무당벌레가 많다. 여름의 우리 동네에는 애벌레, 번데기, 성충의 칠성무당벌레가 같은 시간을 산다. 푸른빛이 도는 외피를 입고 있는 칠성무당벌레의 애벌레는 무당벌레 애벌레치고는 그래도 볼 만하다.

'칠성'무당벌레 말고 '그냥' 무당벌레의 애벌레는 무시무시하다. 번데기는 딱 봐도 무당벌레 번데기처럼 생겼다. 쭈글쭈글한 무당벌레가 둥글게 몸을 말고 있는 모양새다. 번데기 한쪽 끝으로 종령 애벌레 때 몸에 지녔던 푸른빛의 외피가 달려 있다.

풀잎을 자세히 들여다보면 특정 잎만 벌레 먹은 것을 쉽게 볼 수 있다. 곤충은 편식쟁이니, 편식하는 곤충이 그곳에 있다는 뜻이다. 명아자여뀌 잎에만 구멍이 송송 뚫렸다. 뚫린 구멍이 앙증맞고 예쁘다. 곤충이 이 정도로만 식물의 잎을 먹으면 사람들이 크게 미워하지 않을 것 같다. 하지만 뭐, 그게 마음대로 되는 일인가. 아무튼 주변의 다른 잎은 다 멀쩡한데, 명아자여뀌 잎만 골라 먹은 깜찍한 녀석이 궁금하다.

좀 더 새로운 모습을 보고 싶으면 시간의 좌표를 밤으로 옮긴다. 밤의 세상은 또 다른 모습이다. 플래시를 하나 들고 풀밭으로 간다. 플래시를 비춘 풀잎으로 자연스럽게 시선이 집중된다. 작고 눈에 잘 띄지 않는 곤충을 보기에는 오히려 밤이 더 좋은 것 같다. 더 자세히 보게 된다.

쑥과 명아주는 낮과 달리 잎을 모두 세웠다. 체온을 유지하려는 것인지, 수분을 유지하려는 것인지. 개망초도 낮과는 다른 모습이다. 노란 통꽃에 빙 둘러 핀 하얀 혀꽃을 바짝 세웠다. 꿀벌과 꽃등에가 잠든 밤, 영업 끝났다고 셔터를 내린 모습이다.

셔터를 내린, 아니 혀꽃을 올린 개망초에 밤잠 없는 각다귀가 찾아왔다. 안정적인 자세로 혀꽃에 내려앉아 꿀을 빨아먹던 낮과는 달리, 혀꽃을 모두 올린 밤의 개망초를 찾은 각다귀는 착륙 지점을 찾지 못하고 꽃 주변을 퍼덕이며 불안정하게 주둥이를 꽂았다 뺐다를 반복한다. 그 옆에 잔뜩 오므린 개망초 꽃 안에 점흑다리잡초노린재가 제집처럼 앉아 있다. 잠을 자려는 것인지, 식사를 하려는 것인지.

낮에는 보이지 않던 황갈색줄풍뎅이가 풀잎 여기저기에 붙어서 거사를 치르고 있다. 이놈도 저놈도, 다 거사 중이다. 나비가 잠든 시간은 나방이 채운다. 털날개나방이라는 생전 처음 보는 모습의 나방도 있다. 좁고 긴 직선의 날개가 어깨처럼 머리 뒤에 붙어 있다. 몸통과 함께 보니 딱 T자 모양이다. 날 수는 있을까? 나방의 다양한 모양은 정말 대단하다.

명아자여뀌 잎만 골라 구멍을 낸 범인을 잡았다. 새끼손톱을 반의반으로 자른 정도로 작은 잎벌레인 딸기잎벌레. 이름은 딸기잎벌레인데 여뀌 종류의 잎을 잘도 먹는다. 낮에는 코빼기도 안 보이더니, 녀석의 틈새는 밤이었다.

좀 더 다양한 곤충을 보려고 장소를 옮겼다. 아라뱃길 옆에 있는 두리생태공원은 우리 동네에서 가장 생태적인 공간이다. 생태적 공간이라 함은 다른 말이 아니라, 사람이 들어가지 않고, 이런 저런 이름의 '관리'가 최소화된 공간이란 뜻이다. 이곳을 제외하고 내가 곤충을 보는 장소는 주기적으로 약을 친다. 그걸 견뎌내거나 피한 곤충들만 우리 동네 풀숲에서 살아남을 수 있다.

두리생태공원은 아주 단순한 모양새다. 평상시 혹은 홍수시에 물을 담아내는 저류지 역할을 하는 넓은 습지, 그리고 습지를 관통하는 긴 나무데크 길이 공원의 전부다. 탐방객은 나무데크를 벗어날 수 없다. 내가 관찰할 수 있는 곤충은 나무데크에 붙어 있는 녀석들뿐이다. 그것만으로도 충분히 재미지다.

데크 옆으로는 습지에 걸맞은 식물이 그득하다. 식물도 자신의 생태적 틈새에서 살고 있다. 습지를 뒤덮고 있는 것은 갈대다. 갈대는 이곳 습지의 가장 많은 지분을 차지하고 있다. 갈대 사이로 부들, 고마리, 꽃창포, 골풀과 같은 습지식물이 살고 있다.

나무 중에는 단연 버드나무가 많다. 그 사이에 메타세쿼이아가 있다. 버드나무는 우리나라 나무 중 습지에 사는 가장 대표적인 나무다. 물가에서도, 물에 한 발 담그고도 잘 산다. 메타세쿼이아는 물가에서 사는 걸 좋아하지만 물에 잠긴 상태로는 살 수 없다. 메타세쿼이아와 거의 비슷하게 생긴 낙우송은 땅 위로 불쑥 솟은 '호흡근'이라는 뿌리가 있어 늪지에서도 뿌리 호흡을 하며 살 수 있다. 만약 나무의 위치가 습지 쪽으로 더 들어갔거나 물이 자주 넘치는 곳이라면, 메타세쿼이아가 아닌 낙우송이 심겼을 것이다. 두 나무 모두 '낙우송과'에 속하는 나무다.

아무튼, 나무데크를 따라 걸으며 데크 옆 풀잎 위를 살폈다. 풀벌레 소리가 나니 메뚜기목 곤충이 있을 것이다. 노란색과 녹색을 섞어놓은 듯한 예쁜 색을 지닌 끝검은메뚜기가 갈대 잎에 붙어 있다. 날개끝과 뒷다리 무릎이 검다. 풀밭에 앉아 있으면 날개 끝과 뒷다리 무릎이 모두 몸 끝쪽으로 온다. 끝이 검다. 외우기 쉽게 이름을 잘 지었다.

태어난 지 얼마 안 된 아기 섬서구메뚜기도 있다. 다리에 줄무늬가 있는 모습이 꼭 만화 속 주인공 같다. 갈색 사마귀 한 마리. 녀석은 몸통, 다리, 머리, 더듬이, 눈까지 온통 갈색이다. 아직 약충이라 정확히 어떤 종인지는 잘 모르겠다. 아, 언젠가 꽃매미 약충의 사진을 보여줬더니 조경하는 친구가 "이런 지독한 해충에게 약충이라니!"라며 발끈한 적이 있다. '약충(若蟲)'은 메뚜기류같이 번데기 과정을 거치지 않는 불완전변태를 하는 곤충의 유충을 말한다. 약으로 쓰거나 약처럼 이로운 곤충을 이르는 말이 아니다.

베짱이 선생은 애기부들 열매를 열심히 뜯어먹고 있다. 물가에 소시

넓적배사마귀 약충

지 모양의 열매를 맺는 풀이 부들인데, 애기부들은 부들보다 가늘고 긴 형태의 열매를 맺는다. 부들이라는 이름은 몰라도 소시지 모양의 부들열매는 다들 본 적이 있을 것이다.

생긴 게 꼭 곱등이 같아 징그러운 애여치도 한창 구애중이다. 여치라고 하면 푸른빛의 곤충이 떠오르지만, 내가 본 애여치는 머리 윗부분 조금을 제외하고는 온몸이 어두운 갈색이다. 낫처럼 날카롭게 생긴 암컷의 산란관은 애여치의 무시무시한 분위기에 화룡정점을 찍는다. 애여치 암컷은 그 산란관으로 식물 줄기나 땅속을 찔러 알을 낳는다. 풀벌레라 해서 풀만 먹고 살 것 같지만, 사마귀도 서러워할 만큼 사냥 실력이 뛰어나단다. 아예 사마귀를 잡아먹기도 한다. 여치 중에는 이런 사나운 녀석들이 많으니 메뚜기 정도로 우습게 생각하고 함부로 잡았다가는 피를 보기 십상이다. 애여치는 물가 풀밭을 좋아한단다. 딱 이곳이다.

파리라고 우습게 봤다가는 큰코다칠 왕파리매도 있다. 한쪽에서는 풍뎅이 사냥에 성공한 녀석이 식사 중이고, 다른 한쪽에서는 짝짓기가 한창이다.

명색이 생태공원인지라, 동네에서는 보기 힘든 파충류도 보인다. 꽃뱀 한 마리가 버드나무에 걸려 있다. 붉은색과 검은색 반점으로 몸을 치장했다. 두께는 얇지만, 길이는 꽤 길다. 곤충만 생각하고 낮은 쪽만 보고 걷다가, 느닷없이 눈높이에 나타난 꽃뱀에 화들짝 놀랐다. 하지만 곧 정신을 가다듬었다.

'동네에서 뱀을 보다니, 웬 떡이냐.'

망원렌즈가 아닌 접사렌즈여서, 녀석의 사진을 찍으려면 좀 가까이 가야 했다. 둘 사이에 눈치작전이 시작됐다. 난 혹여나 녀석이 갑자기 튀어올라 날 공격할까, 녀석은 혹여나 내가 뱀술을 좋아하는 아저씨일까, 서로 눈치를 본다. 일단 조금 멀리서 사진 한 장을 찍는다. 그러고 나서 한 발 전진. 다시 한 장 찍는다. 아직까지는 성공. 또 한 발 전진 후 찰칵. 녀석의 긴 몸이 한 프레임에 들어올 정도까지 가까이 다가갔다. 한 1~2분 정도 흘렀을까? 먼저 견디지 못한 건 녀석이다. 다행히 몸을 날려 나에게 오지 않고, 나무 아래로 다이빙을 했다. 발견했을 때나, 사라졌을

왕파리매

때나, 깜짝이야.

나무데크 위로 줄장지뱀 한 마리가 지나가다가 나를 발견하고는 후다닥 풀숲으로 도망간다. 요란한 몸놀림 덕분에 나도 녀석을 발견했다. 녀석은 멀리 가기는 귀찮았는지, 아니면 데크에 아직 볼일이 남았는지,

데크 바로 옆 풀 사이에 몸을 숨겼다. 풀잎 사이로 머리와 앞발이 드러났다. 앞발이 너무 귀엽다. 몸통 전체를 담고 싶어 녀석이 움직일 때까지 기다렸다. 녀석은 내가 그리 위협적이지는 않았는지, 내 눈치를 보는 것 같긴 했지만 한 번에 멀리 달아나지는 않았다. 조금씩 조금씩 움직이는 통에 순간 몸 전체가 드러났다. 사진 한 장 찍고 녀석을 더 이상 귀찮게 하지 않기로 했다.

우리 동네 거미줄은 대부분 무당거미의 것인데, 풀숲의 거미줄은 온통 긴호랑거미의 거미줄이다. 데크 아래 풀잎 사이로 지그재그의, 또는 길고 굵은 한 줄의 흰 띠를 여기저기 만들어 놓았다. 긴호랑거미들은 발육상태가 다양했다. 어떤 녀석은 아주 작은 데 반해, 어떤 녀석은 벌써 어른이 되었다.

×자 위엄을 지닌 꼬마호랑거미가 등장한다. 긴호랑거미의 일자 거미줄은 깔끔하고 세련된 느낌인데, 꼬마호랑거미의 ×자는 위협적으로 느껴진다. 이 멋지고 커다란 녀석에게 왜 '꼬마'라는 이름을 붙였는지 도통 이해가 가지 않는다. 그런데 다음날 다시 찾은 두리생태공원에서 '꼬마호랑거미'가 아닌 그냥 '호랑거미'를 봤다. 그리고 바로 이해했다. 왜 꼬마인지.

푸른 갈대밭 안쪽에 갈색의 마른 잎을 공처럼 말아 지은 집이 보인다. 새집 같지만 멧밭쥐 집이다. 쥐도 이 정도 노력을 하면 예뻐 보인다.

줄장지뱀

잘살아라.

갈대밭에서 작은 새들이 지저귀며 빨빨거리고 잎 사이를 옮겨 다닌다. 붉은머리오목눈이다. 갈대밭에 있는 모습이 아주 잘 어울린다. 비행 실력이 부족한 녀석들은 몸을 숨길 갈대보다 높이 날지 않는다.

갑자기 하늘 위에 맹금류 한 마리가 등장했다. 공원 절반 정도에 해당하는, 넓은 면적을 큰 원을 그리며 돈다. 내 머리 위를 지나갔다가, 저 멀리 시야에서 사라지기를 반복한다. 한 번 훑고 지나갈 때마다 뭔가를

푸른아시아실잠자리

잡고 있다. 커다란 곤충 같기도 하고, 작은 새나 쥐 같기도 하다. 손질을 하는 건지, 뜯어먹는 건지 모르겠는데, 공중에서 하늘을 날며 사냥감에 부리질을 한다. 붉은머리오목눈이와는 비교도 할 수 없는 대단한 비행 실력이다. 아랫배가 붉은 매, 새호리기다.

습지답게 잠자리도 많다. 잠자리는 물에 알을 낳으니, 물이 있는 곳에 산다. 배가 짧고 굵은 배치레잠자리가 암수 다른 색으로 습지를 누빈다. 꼭 장화를 신은 것 같은 방울실잠자리도, 국제 NGO 같은 이름의 푸

큰아시아실잠자리도 우리 동네 생태공원의 일원이다. 가까이 다가가면 동네에도 신기한 녀석들이 많다.

이제 또 하나의 틈새가 남았다. 밤의 두리생태공원. 너무도 궁금하다. 그런데, 무섭다. 사람이 없고, 도로와 물길로 시가지와 분리된 곳. 목전(目前)에 사람들이 살고 있지만, 코앞에는 사람이 없다. 게다가, 뱀을 봐버렸다.

도저히 용기가 나지 않았다. 그제야 친구 생각이 났다. 숲해설가 동기이자 산속에서 캠핑장을 운영하는 친구다. 매일 산속에서 밤을 지새는 것이 일인 친구라, 밤의 생태공원 따위는 아무런 두려움도 없을 것이다. 유혈목이가 튀어나오면 발로 툭 쳐낼 것이며, 검은 그림자가 지나가면 오히려 관찰거리가 생겼다고 좋아할 것이다. 친구는 내 청을 들어줬다. 밤 9시, 친구의 손을 꼭 잡고 밤의 두리생태공원으로 들어섰다. 낮과는 또 다른 공기, 또 다른 분위기, 또 다른 소리, 냄새, 두려움. 플래시를 켜고 풀숲을 비췄다. 새들이 잠든 밤을 선택한 베짱이의 탈피. 낮에는 볼 수 없는 장면이었다. 내 동공이 커졌다. 베짱이의 공연은 또 다른 생태적 틈새인 밤의 생태공원으로의 입장을 환영하는 것 같았다. 역시 밤에 오길 잘했다. 오늘 밤, 또 어떤 녀석들을 만나려나.

새가 잠든 시간, 베짱이의 탈피

글을 마무리하면서 두 가지 고백할 것이 있다. 뭐, 고백이랄 것까지야 없지만, 이 책의 뒷이야기 정도 되겠다.

하나는 최종 엔트리에서 아깝게 탈락한 '장'에 대한 이야기다. 그 장의 가제목은 '대충 구분하며 관찰하기'였다. 우리 동네에는 백로과 새 중에 대백로와 중백로, 쇠백로, 황로, 왜가리가 날아온다. 나는 그중 대백로와 중대백로, 쇠백로를 잘 구분하지 못한다. 그나마 쇠백로가 나머지 둘에 비해 크기가 작고 노란색 발을 가져 구분할 만하지만, 비슷한 모양과 색깔의 세 종류 백로를 보자마자 구분하는 것은 내 능력 밖의 일이다. 대신 황로와 왜가리는 쉽게 구분한다. 백로처럼 생겼는데 노란 깃이 있으면 황로, 회색 깃이 있으면 왜가리이기 때문이다.

특정 생물이 어떤 종인지를 확인하고 결정하는 걸 동정(同定)이라 한다. 동정 포인트가 명확하면 구분이 쉽고 또 새로운 종을 하나하나 알고 구분할 수 있게 되는 것은 그 자체로도 즐거운 일이며, 더욱 깊이 있는 관찰을 위한 기초 작업이기도 하다. 하지만 종종 동정에 과몰입해 관찰의 즐거움을 놓치기도 한다. 동정에 드는 노력을 비용, 동정으로 인해 커지는 관찰의 즐거움을 편익이라 봤을 때, 비용이 편익을 넘어서면 곤란하다. 적은 비용으로 큰 편익을 얻기도 하니, 적절한 비용의 지출은 관찰의 즐거움을 높인다. 그러니 그 선을 지켜줄 적당한 기준이 필요하다. 나에게 기준은 황로와 왜가리까지다. 나머지는 그냥 백로다.

우리가 벚나무라 부르는 것의 대부분은 왕벚나무다. 벚나무와 왕벚나무를 구분하는 것은 크게 어렵지 않다. 도감에 다 나온다. 벚나무는 꽃과 잎이 같이 피고, 왕벚나무는 꽃이 먼저 핀다. 벚의 꽃차례는 산형이지만, 왕벚은 짧은 산방형이다. 꽃의 색깔은 벚은 연홍색이나 백색인데 반해, 왕벚은 백색이나 홍색이다. 꽃대에 달려 있는 꽃의 수도 벚은 2~5개, 왕벚은 2~5개. 어? 이건 똑같다. 벚의 꽃대는 짧다. 벚의 꽃자루에는 털이 있고, 왕벚에는 없다. 암술대에도 벚에는 털이 있고 왕벚에는 없다. 벚의 잎은 장타원, 난형, 도란형이지만, 왕벚의 잎은 광타원형, 도란형이다. 이제 누구나 벚나무와 왕벚나무를 구분할 수 있다.

물론 나도 이 글을 읽은 여러분처럼 구분할 수 있다. 하지만 나는 이 둘을 구분하지 않기로 마음을 단단히 먹었다. 벚나무와 왕벚나무를 구분하는 데 쓸 에너지가 있다면 벚나무와 계수나무, 느티나무를 구분하는 데 쓰겠다. 어차피 내가 보는 벚나무의 90퍼센트는 왕벚나무이고 가끔 벚나무와 산벚나무가 보일 뿐이다. 그러니 그냥 벚나무로 퉁치기로 했다. 가지를 축 늘어뜨려 다른 벚나무와 수형이 크게 다른 능수벚 정도만 구분해도 벚꽃 박사 취급을 받는다.

일찌감치 구분을 포기한 녀석들도 있다. 얼마 전 동네에서 참새를 닮았으나 참새는 아닌 새를 발견하고 새 선생님께 정체를 물었다. '쑥새'라는 답변이 돌아왔다. 쑥새는 멧새과 새 중 하나인데, 멧새과에는 쑥새를 닮은 녀석들이 많이 있다. 그래서 선생님께 쑥새만의 동정 포인트가 있는지 여쭤봤더니 '허리에 비늘무늬를 보라' 하셨다. 하지만 역시나, 내 눈으로는 쑥새와 꼬까참새, 검은머리촉새, 북방검은머리쑥새, 쇠붉은뺨멧새를 구분할 수 없다. 이건 애초에 포기하는 것이 상책이다. 그냥 녀석들을 다 모아서 '멧새'라 부르기로 했다.

적당히, 대충 구분하며 보는 것이 건강에도 관찰에도 좋다. 그렇게 보다 보면 어느 날 더 자세히 보고 구분하고 싶을 때가 온다. 이 장이 책에 실렸다면 책 제목이 바뀔 뻔했다.

또 한 가지는 초고와 완결본 사이의 관찰에 대한 이야기다. 이 책은 주로 2015년~2021년 사이에 일어난 나의 동네 자연 관찰 이야기다. 그런데, 아무래도 글을 본격적으로 쓴 2021년에 들어 더 자주, 더 자세히 주변을 살피게 됐다. 그동안 잘 안 보였거나 한 번도 보지 못한 녀석들을 지난해 만난 것은 어찌 보면 자연스러운 일이다. 관찰의 변화는 글의 수정으로 이어졌다. 초고에서 꼬마물떼새는 내가 평생 딱 두 번 본 새로 그려졌다. 하지만 지난봄, 논길 산책을 나갈 때마다 꼬마물떼새를 만났다. 그래서 8장에 '지난봄에야 두 쌍의 꼬마물떼새가 우리 동네에 자리를 잡으면서 드디어 흔한 새가 됐다'는 문장이 들어갔다. 초고에는 없던 문장이다.

하지만 고치지 않은 부분도 있다. 8장에 '흔한 파랑새를 꼭 한 번 봤으면 좋겠고, 흔한 꾀꼬리가 앉아 있는 모습을 제대로 보고 싶다'는 구절이 있다. 하지만 초고를 출판사에 넘기고 난 지난여름, 전남 보성 강골마을을 산책하다가 전깃줄에 날아와 앉는 파랑새를 보았다. 또 비슷한 때에 우리 동네 두리생태공원을 걷다가, 죽은 건지 성급한 건지, 잎을 모조리 떨군 어느 나뭇가지에 앉은 꾀꼬리를 선명하게 보았다.

누군가에겐 한 번 만나는 것이 로망이고, 누군가에게는 흔한 물총새는 나에게, 2020년까지는 한 번 만나는 것이 로망이었고, 2021년에는 흔했다. 4월 서울 상암 평화의 공원에서 난생 처음 물총새를 봤고, 한 달 후 경북 예천 회룡포에서 또 봤다. 그리고 초고를 고쳤다. 9월, 경기도 이천 곤지암천변을 걷다가 물총새를 봤고, 한 달 후 드디어 우리 동네에서 물총새를 봤다. 평생 한 번도 보지 못했던 물총새를 작년에만 네 번 봤던 것이다.

5년 전 도시 생태를 다룬 책을 쓴 작가이자 숲해설가이기도 한 나는, 꽤나 자주 공을 들여 주변의 자연을 관찰하는 축에 속한다. 그럼에도 평소보다 조금의 관심을 더해 관찰하니 짧은 기간 안에 그동안 보지 못했던 다양한 생명을 관찰할 수 있었다. 초고와 완결본 사이의 관찰은 그동안 내 눈길 속에 들어오지 않았더라도, 내가 생각하는 것보다 훨씬 많고 다양한 생명이 이미 우리 동네에 또 우리가 사는 도시에 살고 있음을 방증하는 것 같았다. 그래서 추후에 관찰한 내용의 몇몇 부분은 원고를 수정, 반영했지만, 몇몇 부분은 그대로 두고 후기에 고백하기로 마음먹었다. 아직도 내가 관찰하지 못한 우리 동네 생명들이 무궁무진하다. 매일 매일의 관찰이 친숙하면서도 새롭다.

인간의 공간일 것만 같은 도시에 다양한 생명이 함께하고 있어 다행이다. 육중한 아스팔트 포장에도 아주 작은 균열만 생기면, 그 틈으로 풀씨가 날아와 꽃을 피운다. 그 광경을 보고 있노라면 인간이 아무리 잘난 척을 해도 도시는 지구 생태계의 한 부분일 수밖에 없음을 깨닫는다. 하지만 틈 양편으로 모두 아스팔트다. 좁은 틈 이외의 넓은 땅을 식물에게 허용치 않는 광경을 보고 있노라면 도시 속 자연 생태계는 인간의 행태와 선택에 엄청난 영향을 받고 있음을 느낀다. 자연 속 도시에서 인간은 초라하지만, 도시 속 자연에서 인간의 영향력은 절대적이다.

한강 하구 김포평야의 농지 끝자락에 우리 동네가 위치한 덕분에 날아왔던 창박 기러기들의 행렬이 언제까지 이어질 수 있을지 걱정이다. 김포평야 농지 중 절반을 차지하는 대장들녘과 계양들녘이 3기 신도시 대장지구와 계양지구로 결정됐기 때문이다. 다른 좋은 곳을 찾아 날아가겠지 싶다가도, 다른 좋은 곳이 얼마나 남아 있을까 싶기도 하다.

대장들녘과 계양들녘에는 개발 예정 부지라면 어김없이 등장하는 멸종위기 야생생물 2급 맹꽁이가 발견됐다. 혹자는 개발하려는 곳마다 맹꽁이가 등장한다며 '멸종위기종이 맞긴 맞냐!'고 비아냥대기도 한다. 국토의 3분의 2가 산인데, 산에 올라가 살면 되는 맹꽁이 걱정을 뭘 그리 하냐고도 말한다. 하지만 그런 식의 논리는 '도시에 집이 저리도 많은데 너희 집 하나 부수면 어떠냐'는 식의 접근과 다를 바 없다. 우리는 동식물을 너무 '종' 차원에서만 접근한다.

종 차원으로 생각하더라도 맹꽁이의 잦은 출현은 이유가 있다. 우리는 주로 낮고 넓은 평지에 도시를 만든다. 기존 시가지를 재개발하거나 바다의 갯벌을 메우지 않는 이상, 우리가 개발하려는 땅은 산 아랫부분을 깎거나 논 습지를 매립하는 것이 대부분이다. 딱 그곳이 맹꽁이가 사는 곳이다. 맹꽁이의 서식지는 논과 저산지대의 평지다. 산이 아무리 많아도, 모든 동식물이 산에 올라가 사는 것을 좋아하는 것은 아니다. 모두 각자의 생태적 틈새가 있다. 우리 인간도 어지간해서는 산꼭대기에 도시를 만들지 않는 것처럼 맹꽁이도 그리하다. 멸종위기 야생생물 2급은 지금의 추세에 별다른 변화가 없다면 가까운 장래에 멸종위기에 처할 생물을 칭한다. 우리는 끊임없이 맹꽁이 서식지를 '골라서' 파괴하고 있다. 이것이 맹꽁이가 멸종위기 야생생물 2급인 이유이고, 개발 현장마다 발견되는 이유이다. 도시로 개발이 가능한 환경만 좋아하는 동식물은 많다. 우리의 선택에 따라 그들의 삶이 결정된다. 도시에 생태습지를 남겨둬야 하는 이유다.

다행히 우리 동네 한편에 습지생태공원을 만든 덕분에 애여치와 줄장지뱀, 부들을 관찰할 수 있다. 아파트 정원에 주목을 심기로 결정한 덕에 주목의 빨간 가종피를 먹으러 상모솔새가 날아온다. 살구나무를 심고 농약치기를 게을리 한 덕분에 살구나무테두리잎벌을 만났고, 사람 손이 닫지 않는 신호등 높은 곳에 어쩌다 보니 구멍을 뚫어놓아 참새에게 집터를 제공했다.

나는 이런 우리 동네 자연을 사랑하고, 관찰한다. 카메라 하나 들고 동네를 어슬렁거린다. 자연을 관찰하다 보면 가끔 멋진 교훈이 머릿속을 스쳐간다. 화려한 꽃을 얻은 대신 열매를 잃은 장미를 보며, 한여름 아무도 보지 않는 잎 사이에서 겨울눈을 만들고 있는 벚나무를 보며, 빈곤한 상상력은 흔하고 뻔한 교훈적인 이야기를 관습처럼 떠올린다. 그건 진짜 내 생각일 수도 있고, 뭔가를 봤으면 교훈을 얻어야 한다는 스스로의 강박이나 사회적인 압력일 수도 있다. 뻔한 교훈은 대부분 공허하게 흩어지고, 내 삶에 아무런 영향 없이 지나가는 경우가 많다.

하지만 정말 어쩌다가, 실연의 아픔과 통속적인 대중가요가 만나 큰 위로를 주는 것처럼, 어떤 관찰의 순간이 당시 나의 상황과 절묘하게 어우러져 영감을 주기도 하고, 위로를 주기도 한다. 그렇다고 애초에 길을 나설 때, 이런 류의 교훈과 영감과 위로를 기대하지는 않는다. 나를 관찰로 이끄는 것은 그저 호기심이고, 재미다. 그러니 누군가 '너는 왜 자연 관찰을 하니?'라고 묻는다면, 난 '그냥 그게 하고 싶어서'라고 말할 수밖에 없다. 내 관심사는 끊임없이 옮겨 다니고, 그 길목에 자연 관찰이 있었을 뿐이다. 언젠가는, 아마도 조만간, 자연 관찰은 내 관심사 바깥으로 흘러나갈 것이다. 그래도 다행히, 한번 내 안에 들어왔다 나간 녀석들을 대하는 태도와 시선은, 나와 관계 맺지 않았을 때와는 달라질 것이다. 그들은 알게 모르게 내 시선을 끌 것이며, 그런 녀석들은 언젠가는 또 나의 처지와 우연히 만나 영감과 위로를 던져 줄 것이다.

아무튼, 일단 지금은, 큰 기대가 없어도, 충분히 즐겁게 자연을 관찰할 수 있다. 나는 지구에 살고 있는, 비타민D를 생성해야만 하는 한 마리의 주행성 포유류로서, 언제든 햇빛을 받는 산책이 필요하고, 산책의 동반자로서 우리 동네에 나와 함께 사는 동식물이 있음이 너무도 반가울 따름이다. 난 그들을 알아보고, 인사하고, 살펴본다. 한 가지 바람이 있다면, 그들도 나를 같은 동네를 사는 동료로 인정해줬으면 하는 것이다. 물론 다른 동식물에게 몹쓸 짓을 수없이 한 인간종의 한 구성원으로서, 다른 생명의 인정을 받는 게 쉬운 일은 아니겠지만. 그래도 이제는 매일 산책길에 만나는 황조롱이가 나를 째려보지 않고 웃으며 반겨줬으면 좋겠고, 올봄에 다시 올 꼬마물떼새가 작년보다 나에게 세 발자국 정도만 더 가까이 가는 것을 허용해줬으면 좋겠다. 꿈같은 이야기지만, 내 마음이 달라지면 또 달라 보이겠지.

동네에서 자연을 관찰하는 9가지 방법

2022년 2월 22일 1판 1쇄 발행
2023년 6월 12일 1판 2쇄 발행

지은이 최성용
펴낸이 박래선
펴낸곳 에이도스출판사
출판신고 제395-251002011000004호
주소 경기도 고양시 덕양구 삼원로 83, 광양프런티어밸리 1209호
팩스 0303-3444-4479
이메일 eidospub.co@gmail.com
페이스북 facebook.com/eidospublishing
인스타그램 instagram.com/eidos_book
블로그 https://eidospub.blog.me/
표지 디자인 공중정원
본문 디자인 김경주

ISBN 979-11-85415-47-5 [03470]